새로운 도로 배수 설계방법

새로운 도로 배수 설계방법

| 이만석 지음 |

서 문

최근 전 세계 기상이변으로 자연재해가 증가하고 있으며 국내 또한 이상 기후에 의한 풍수재해가 다양하고 광범위하게 발생하고 있다. 특히 도로의 배수유역 내 배수시설의 피해가 최근 수년 동안 증가하는 경향이 두드러지고 있다. 도로의 배수시설 설계에는 수리 및 수문요소에 대한 분석이 적절하게 적용되어야 하지만, 현재는 계산의 복잡함 때문에 충분히 고려되지 못하고 있다.

본 기술 서적의 주요 내용은 현재 도로 배수시설 설계 개선 방향 제시, 강우지속기간이 10분 이하인 도로 배수유역에 적합하게 개발된 분 단위 강우강도식 활용, 국내 도로 배수유역의 지형 특성을 사실적으로 반영할 수 있는 운동파 모형 이론을 접목한 표면 박류 강우-유출 모형의 개발 및 검증, 부등류 흐름 이론을 적용한 노면배수시설 설계 모형과 복잡한 도로의 암거 설계를 자동화시킨 암거의 적정 단면규격 산정 모형 개발에 관한 것이다.

개발된 모형을 이용하여 국내의 국도 현장 6곳에 대한 개발 모형의 적용성 검토를 수행하였으며, 현재 사용 중인 도로배수시설 설계 방법과 본 연구에서 개발한 설계 방법을 비교한 결과, 노면배수시설 중 성토부 도수로의 설치 간격은 6~58% 짧게 계산되었고 절토부 집수정의 설치 간격은 15~65% 짧게 계산되었다. 또한, 도로의 횡단배수시설 중 배수관의 단면 크기는 6~73% 크게 계산되었고 배수암거의 단면 크기는 33~140% 크게 계산되었다.

이 책은 주로 도로배수시설을 계획하고 유지 및 관리하는 담당 공무원들과 도로배수시설 설계 실무에 종사하는 엔지니어들에게 많은 도움이 될 것이라 생각되며, 대학의 관련

학부과정 및 석·박사 과정에 있는 학생들을 위한 강의교재로도 충분히 이용할 수 있게 하였다. 또한, 아직까지 국내에서는 도로배수시설에 대한 기초적인 연구가 활발하지 못한 상황에 본 기술 서적이 시발점이 되어 향후 관련 분야에서 구체적인 연구와 기술개발이 촉진될 수 있기를 바란다.

　본 저자는 인생의 기나긴 여정 중에 도로배수시설이라는 소중한 학문 분야를 만나게 된 것을 지금껏 받아온 축복 중의 하나로 생각하고, 앞으로 관련 분야에 있어서 항상 초심으로 돌아가 과거 및 현재보다 향상된 연구 및 기술개발에 매진할 것을 독자들에게 다짐하고 싶다.

　마지막으로 이 책을 저술할 수 있도록 키워주신 부모님과 헌신적으로 도와준 아내에게 이 지면을 빌려 감사를 드린다.

2013년 7월 28일 안양에서

이만석

목 차

■ 서문 / 4

제1장 개발 배경

1. 개발 목적 및 필요성 / 11

2. 기술 동향 / 13

3. 개발 방법 / 17

제2장 이론적 배경

1. 분 단위 강우강도식 / 21

2. 표면 박류 강우 – 유출 모형 / 25

3. 부등류 해석 / 29

4. 암거 단면 설계 / 33

제3장 개발 내용

1. 배수시설 설계 개선 방향 / 39

2. 분 단위 강우강도식 개발 / 42

3. 표면 박류 강우 – 유출 모형 개발 / 58

4. 노면배수시설 설계 전산 모형 개발 / 72

5. 횡단배수시설 설계 전산 모형 개발 / 101

제4장 현장 적용성 분석

1. 분석 대상 선정 / 121

2. 적용성 분석 / 124

3. 검토 결과 / 164

제5장 기술 개발 결과

1. 도로배수시설 설계 개선 방향 / 169

2. 분 단위 강우강도식 / 171

3. 표면 박류 강우 – 유출 모형 / 173

4. 노면배수시설 설계 모형 / 174

5. 횡단배수시설 설계 모형 / 175

6. 도로배수시설 설계 프로그램 적용성 검토 / 177

■ 참고문헌 / 178

제1장

개발 배경

1. 개발 목적 및 필요성
2. 기술 동향
3. 개발 방법

1. 개발 목적 및 필요성

　도로는 흙과 구조물로 부착 및 접속된 상태로 설치되어 물에 취약하므로, 도로 주변 강수량의 흐름 경로별로 원활한 배수 설계가 가능하도록 노면배수, 도로 횡단배수, 도로 주변 지표 및 계곡별 강수량 처리에 대한 객관적이고 합리적인 새로운 도로 설계 방안의 필요성이 대두되었다.

　도로 노면배수는 노면에 내린 강우의 원활한 배수를 위한 다이크 측구의 규모, 유입구의 간격 등이 설계대상 변수가 된다. 이들의 설계를 위해서는 노면에 내린 우수의 유동에 대한 해석 기술개발이 요구된다. 특히 노면배수시설 체계에서 연석으로 구성된 측구 수로는 선형 배수로로서 강우 시 계속 유입되는 횡단 방향의 유입유량에 의하여 유량이 선형적으로 증가하므로, 이미 충분히 연구 및 정립되어 있는 부등류 해석 이론에 기반을 두어 유량이 연속적으로 증가하는 선형 배수로의 흐름을 해석할 필요가 있으나 설계에 반영되고 있지 않은 실정이다. 도로의 종방향 경사에 따른 유입구의 적정 간격의 결정 등은 이러한 해석기술이 전제되어야 가능한 중요한 설계 요소라 할 수 있다. 그러나 현재 설계기술이라고 할 만한 정량적 설계기법 자체가 부재한 실정이다. 이러한 관점에서 노면 우수 유동에 대한 해석 및 그에 따른 합리적이고 객관성 있는 노면배수 설계기술 개발은 매우 긴요한 연구과제이다.

　횡단배수를 위한 암거 시설물의 경우 간략한 절차나 도표를 이용한 수리학적 해석을 기반으로 설계되고 있다. 간략한 절차나 도표를 이용한 해석은 많은 오차를 포함하기 쉬우며, 도표에서 제공하는 표준적인 단면을 이용하지 않는 경우 도표를 이용한 설계는 불가능하다. 그러므로 최신의 개수로 수리학 이론 및 기법을 적용하여 암거 및 배수관의 정밀한 수리계산이 가능한 전산 모형을 개발하여 간략식과 도표에 대한 의존성을 최소화할 필요가 있다.

　소규모 도시유역, 도로 등과 같은 소유역에서의 배수시설물 설계 시 건설교통부(5)에서 제시하는 강우강도식을 이용할 경우, 대상 유역에 대해 추정된 지속시간이 10분 이하임에도 불구하고 강우강도식의 최소 지속시간인 10분으로 적용되는 등의 실무적인 차원의 문제점도 야기되고 있다. 또한 설계 강우량의 산정에는 강우지속기간이 필연적으로 포함되어야 하는데, 현재 설계 지침상의 설계홍수량 산정 과정에는 강우지속기간의 결정에 관한 내용이 전혀 언급되지 않고 있다. 즉, 최대 유량을 초래하는 임계지속시간의 개념이 반영되어 있지 않다. 한편, 현재 도로 실무자들은 도로배수 설계 시 실제의 도로배수유역에 적합하지 않은 유역의 구분, 강우량 산정 및 강우강도 산정 방법, 홍수량 산정 방법과 같은 일련의 흐름을 통하여 설계를 수행하여 왔으며, 이러한 이유로 실제 도로배수유역과 상이한 유역 면적 계산, 강우량 및 강우강도 산정의 오류 등과 같은 잠재적인 문제점들을 상당히 많이 내포하고 있기 때문에 국지적 집중호우에 충분히 대응할 수 있는 분 단위 강우강도식으로 개선할 필요가 대두되었다.

전술한 바와 같이 도로배수 설계에 대한 국내 기술수준은 매우 낙후되어 있다. 이러한 원인으로는 근본적으로 수리·수문 분야에 능숙하지 못한 도로 전문가가 설계 업무를 담당하고 있다는 점과 설계 지침 또한 그러한 전문성에 바탕을 두고 작성되지 않아 설계 실무 담당자들이 설계에 참고하기 어렵다는 점 등을 들 수 있다. 따라서 설계 지침을 구체화·실용화함과 동시에 설계에 활용될 수 있는 전산 프로그램들을 개발하여 손쉽게 사용할 수 있도록 해야 할 필요가 있다. 즉, 국내 도로배수 설계 지침은 그 내용 중 상당 부분이 명확한 수리·수문학적 이해가 부족한 상태에서 외국 지침서의 일부를 그대로 기술함으로써 단편적인 서술에 그치는 경우가 많다. 또한 외국의 경우에는 설계 지침뿐만 아니라, 전산 프로그램 등의 설계도구가 잘 갖추어져 있는 반면, 국내의 경우에는 그렇지 못하다. 따라서 발전된 수리·수문 해석기술을 반영하는 동시에 설계 실무에 실질적인 도움이 될 수 있도록 도로배수 설계 지침을 개선하고, 설계 지침에 의한 설계가 가능하도록 전산 프로그램 등의 설계도구들을 개발할 필요가 있다.

본 연구의 최종 목적은 최근까지 정립된 양질의 수리·수문 해석 및 설계기술을 도로배수 설계에 접목시킴으로써 향상된 수준의 배수 설계기술을 개발하는 데 있으며, 최종 목표로서 현시점에서 적용 가능한 고급의 수리·수문학적 지식들을 반영하면서도 실무에서 쉽게 사용할 수 있도록 향상된 도로배수시설 설계 방법을 제시하는 것이다.

2. 기술 동향

1) 국내 동향

현재 국내의 도로배수시설 설계 시 참고하고 있는 설계 지침으로서 도로배수시설 설계 및 유지관리 지침(6), 도로설계편람(배수편)(7), 국도건설공사 설계실무요령(8) 및 도로설계요령-토공 및 배수(9) 등이 있다. 각 설계 지침의 내용들은 상당 부분이 비슷하고, 이 중 도로배수시설 설계 및 유지관리 지침(6)의 내용을 살펴보면 다음과 같다.

도로 인접 유역으로부터의 유출량에 대한 배수설계의 경우, 미국 등 외국의 설계 지침 중 일부를 그대로 사용하고 있다. 설계유량 산정방법으로서, 면적 4㎢ 이하의 소규모 유역의 경우에는 합리식을, 그 이상의 유역에 대해서는 외국에서 개발된 각종 합성단위유량도법을 사용하도록 되어 있다. 그러나 설계홍수량 산정 과정에는 강우 지속시간을 결정하는 내용이 전혀 언급되지 않고 있다. 즉, 최대 유량을 초래하는 임계지속시간의 개념을 반영하지 않고 도달시간을 확률강우강도의 최소 지속시간인 10분으로 가정하여 지속시간이 10분인 강우강도를 설계에 적용하고 있는 실정이다. 설계 강우강도의 결정을 위한 임계지속시간은 강우가 유역 내의 최원점에서 배수로에 도달하는 데 소요되는 유입시간과 배수로를 통하여 유역출구에 이르기까지의 유하시간의 합으로써 취하고 있다. 그러나 유입시간의 추정을 위한 제반 식들은 모두 외국에서 개발된 것들을 그대로 사용하고 있다. 합성단위유량도 또한 외국의 것들을 검증 없이 사용하고 있다. 이러한 식들은 모두 현상과 관련된 의미 있는 변수들의 함수이기는 하나, 식에 포함된 계수들에 대해서는 국내 지역의 유역특성을 적절히 대표할 수 있도록 결정되어야 할 필요가 있다.

국내 설계 실무에서는 수로 제원을 우선 가정하고, 유량에 대한 고려 없이 Manning 공식을 잘못 적용하여 평균유속을 산정하여 이로부터 유하시간을 결정하고, 그에 따라 유량을 결정하는 오류를 범하는 경우가 많다. 그러나 유하시간은 유출량과 배수로 제원의 함수이므로 결국 유출량과 배수로 제원을 미지수로 하는 시산법적 접근에 의하여 최적의 설계 단면을 결정해야 한다. 이는 수리·수문학적 관계식을 단지 수치를 대입하여 값을 구하는 도구로만 사용할 뿐, 식에 내포된 의미에 대한 이해가 부재하기 때문이다. 설계 지침 자체가 전반적인 수리·수문 과정에 대한 이해에 기초하여 작성되어 있지 않은 실정이다. 또한 Manning 공식만을 사용하는 것은 등류해석 조건이 충족될 수 있는 경우에만 가능하며, 경우에 따라서는 부등류 해석을 필요로 하나, 이에 대해서는 설계 지침에 부등류에 대한 기초적인 이론만 기술되어 있을 뿐, 설계에 거의 사용되지 않고 있는 실정이다.

노면배수의 경우에는 설계기술이라고 할 만한 정량적 설계기법 자체가 부재한 실정이다. 따라서 측구의 규모, 유입구의 간격 등을 결정하기 위한 기술적 방법론이 거의 적용되지 않고 있다. 횡단배수를 위한 암거의 경우에도 외국의 지침서에 제시한 간략한 절차나 도표를 이용한 해석을 기반으로 설계되고 있다. 이는 많은 오차를 포함하기 쉬우며, 도표에서 제공하는 표준적인 단면을 이용하지 않는 경우 도표를 이용한 설계는 불가능하다. 노면배수시설과 관련한 국내 연구로서 주로 도로 횡단·종단경사, 집수정 형식 등에 따른 차집효율, 집수정 간격 등에 관한 연구들이 있으며, 이는 노면 수리모형 실험을 실시하여 다양한 조건에 따른 차집효율을 분석하여 경험식을 제시하는 데 초점을 두고 있다(10-13).

국내에서 도로배수시설 설계에 주로 이용되고 있는 소프트웨어로는 로드택(14)이 있으며 설계방법은 도로배수시설 설계 및 유지관리 지침을 토대로 하고 사용자 편의를 고려하여 개발된 소프트웨어이다. 2005년 5월에 출시된 로드택 V.1.2는 상시 토사퇴적 수리계산, 단위수량의 사용자 입력/변경, 새로워진 UI, 유효통수량을 고려한 노면배수 수리계산 등의 기능이 추가되어 있다.

이 밖에 국내에서 암거 설계에 이용되고 있는 에이컬버트(15)는 경험에만 의존했던 암거 설계를 컴퓨터를 통해 설계·제작·시공 등을 가능하게 해, 업무의 효율성을 극대화한 건설 전문 솔루션이다. 이 솔루션의 장점은 통로 박스·수로 박스·공동구 등 다양한 형태의 암거를 설계·시공할 수 있다는 데 있다. 그러나 이것은 물량 자동 산출 및 구조설계도면을 자동으로 작성하는 소프트웨어로서 수리학적 해석과정이 전혀 포함되어 있지 않다.

2) 국외 동향

도로배수유역으로의 유출량 산정에 대한 설계 지침상의 전반적 절차는 국내의 경우와 유사하다. 그러나 합성단위 유량도 및 도달시간 산정식 등이 그들의 여건에 맞게 개발된 것들이라는 점에서 근본적인 차이가 있다. 노면배수에 관련된 설계기술이 정립되어 있는 반면, 일련의 설계과정이 주로 경험식 내지는 실험식들로 구성되어 있으며, 고급의 수리·수문학적 해석 기술이 사용되고 있는 경우는 드물다. 암거 설계를 위한 전산 프로그램으로서 AASHTO에서 권장하는 HYDRAIN과 같은 소프트웨어가 개발되어 활용되고 있으며, Culvert Master와 같은 상용 소프트웨어 또한 가용하다.

설계 강우량의 산정에는 강우지속기간이 필연적으로 포함되며 설계홍수량 산정에 있어서 도달시간을 미지의 변수로 두고 시산법적 반복과정에 의하여 설계홍수량을 산정하게 되어 있다(3, 4, 16, 17, 18). 이는 홍수도달시간이 설계 강우의 지속시간을 결정하는 요소임을 감안한다면 이는 당연하고도 합리적인 수문설계의 과정이다.

노면배수시설과 관련한 외국의 연구로는 도로 횡단·종단경사, 집수정 형식 등에 따른 차집효율, 집수정 간격 등에 관한 연구들이 있으며, Wong(19)은 측구의 유량, 노면의 종단경사, 측구의 횡단경사와 지역상수를 이용하여 차집유량에 관한 식을 제시하였고, 횡단·종단경사의 변화에 따른 차집유량 및 집수정 간격의 변화를 조사하였다. Wong과 Moh(20)는 Wong(19)의 연구에서 제시한 식을 이용하여 흐름 폭의 변화에 따른 차집유량의 변화를 조사하였다. Brune 등(21)은 고속도로에서 중앙분리 배수시설과 측구 배수시설에 집수정 덮개 6개를 설치하고 모형실험을 하여 유량과 경사에 따른 유입효율을 분석하였고, Burgi와 Gober(22), Pugh(23)는 격자형 유입구(Grate Inlet)의 차집효율을 수리학적 실험을 통하여 결정하였으며, Brown 등(24)은 격자형 유입구의 종류, 규모, 형태 등을 변화시키면서 차집효율을 조사하여 계산식 및 차집효율이 최대가 되는 격자형 유입부 형태를 제시하였다(25). 노면배수시설과 관련한 더 많은 정보는 Brown 등(26), Overton과 Meaows(27) 등을 통하여 얻을 수 있다.

암거의 설계를 위한 전산 프로그램으로는 AASHTO에서 권장하는 HYDRAIN(28)과 같은 소프트웨어가 활용되고 있으며, Culvert Master(29)와 같은 상용 소프트웨어 또한 가용하다.

외국에서 다루는 배수설계의 개념과 그 범위는 매우 포괄적이어서, 도로의 건설이 도로 주변 하천 등 기존의 배수에 미치는 영향(교량에 의한 통수 장애 등), 도로 건설 중의 배수 및 토사유출에 따른 환경 영향, 저류시설, 유출수(수질 포함) 관리, 도로배수가 주변 수환경에 미치는 영향 등을 설계 요소 또는 설계 시 고려할 사항으로 포함하고 있다 (30). 따라서 국내의 설계 지침서에서는 다루지 않고 있는 항목들이 매우 많은데 미국 AASHTO의 배수설계 지침서(17)는 1,500여 쪽인 반면, 국내의 경우는 강우자료 관련 도표를 제외하면 300여 쪽에 불과한 것이 이를 단적으로 나타내고 있다.

3. 개발 방법

강우 시 도로배수유역의 특성을 반영할 수 있는 분 단위 강우강도식을 개발하기 위해 국내 강우관측소에서 1분 단위 강우자료와 시 단위 강우자료를 수집한 뒤, 수집한 자료 사용의 신뢰성을 확보하기 위해 강우자료의 평가와 보완 작업을 수행하였으며, 강우자료 특성 분석을 통한 강우자료 스케일링 기법들을 검토하였다. 결정된 방법론을 사용하여 국내 강우관측소 지점별 분 단위 I-D-F 관계를 유도하였으며, 유도된 분 단위 강우강도식의 공간적 확장을 통해 적용성 검증을 완료하였다.

도로배수유역은 수자원 계획 또는 하천설계에 대상 유역과는 유역의 크기와 유역 내 강우의 거동양상 및 수로 내 흐름 특성이 상이하기 때문에, 도로배수유역에 적합한 강우-유출 모형의 개발이 반드시 필요하였으며, 선행 작업으로 현재 하천 계획 등에서 사용 중인 강우-유출 모형을 검토하였다. 강우의 물리적 거동 현상을 가장 잘 모의할 수 있는 수리학적 모형인 운동파 모형 이론을 활용하여 표면 박류 강우-유출 모형을 구축하였으며, 다양한 방법으로 개발한 표면 박류 강우-유출 모형의 적용성을 검증하였다.

강우 시 도로 노면의 흐름을 최대한 빨리 배제하기 위한 노면배수시설은 설치 간격의 적정성 여부가 우선적으로 고려되어야 하며, 노면배수시설 설치 간격 적정성 확보를 위해 부등류 흐름 해석 이론을 적용하여 노면배수시설 설계 전산 모형을 개발하였다.

배수관이나 암거와 같은 도로 내 횡단배수시설의 적정 단면규격을 결정하기 위해서는 외국 설계 실무에서 많이 사용하고 있는 Culvert Master 전산 프로그램을 벤치마킹하여 암거 적정 단면규격 산정 전산 모형을 개발하였다.

노면 및 횡단배수시설 설계 전산 모형의 적용성을 검토하기 위해 적용성 검토 대상 현장을 선정하고, 현장에 기 작성되어 있는 기존 설계자료를 분석하였으며, 개발한 전산 모형을 대상 구간에 적용한 뒤 기존 설계분석 결과와 개발한 전산 모형 적용 결과를 비교 분석하였다.

제2장

이론적 배경

1. 분 단위 강우강도식

2. 표면 박류 강우-유출 모형

3. 부등류 해석

4. 암거 단면 설계

1. 분 단위 강우강도식

1) 강우강도 공식

일반적으로 확률강우강도식이라고도 하는 강우강도 공식은 강우강도－지속기간－재현기간(빈도) 관계를 나타내는 식이며, 이러한 강우강도 공식을 유도하기 위해서는 확률강우량을 단위 시간에 대한 강우강도로 변환한 뒤 최소자승법 등의 방법을 이용하여 강우강도와 지속기간 간의 관계식을 구한다(5). 국내·외에서 주로 적용되어온 강우강도 공식의 일반적인 형태는 식 2.1~2.4와 같이 4가지 공식으로 나타낼 수 있으며 본 연구에서는 다음 4가지 형태의 일반 강우강도 공식을 활용하여 분 단위 강우강도 공식을 개발하였다.

$$I = \frac{a}{t+b} \qquad \text{(Talbot Type)} \qquad (2\text{-}1)$$

$$I = \frac{a}{t^b} \qquad \text{(Sherman Type)} \qquad (2.2)$$

$$I = \frac{a}{\sqrt{t}+b} \qquad \text{(Japanese Type)} \qquad (2.3)$$

$$I = a + b \cdot \log(t) \qquad \text{(Semi-Log Type)} \qquad (2.4)$$

여기서, I는 강우강도(㎜/hr), a와 b는 지역상수, t는 강우지속기간(min)이다.

상기와 같이 국내·외에서 적용하는 일반 강우강도 공식의 한계를 보완하고 국내 수자원 계획 수립과 하천 설계 실무에 적용하기 위해 건설교통부에서 식 2.5와 같은 형태의 강우강도식을 개발하였다(5).

$$I(T, t) = \frac{a + b \ln \dfrac{T}{t^n}}{c + d \ln \dfrac{\sqrt{T}}{t} + \sqrt{t}} \qquad (2.5)$$

여기서 T는 재현기간(year), t는 강우지속기간(min)이고 a, b, c, d는 지점별로 결정되는 지역상수이다.

이상과 같이 강우-유출 모형에 적용되는 강우강도식의 경우, 현재는 건설교통부에서 제시한 강우강도식으로 유도한 I-D-F 곡선이나 가장 가까운 수문관측소의 강우강도 도표를 사용하고 있으나, 상기와 같은 방법으로 도출된 강우강도식은 최소 10분의 강우지속기간으로 산정되었다는 한계성을 가지고 있기 때문에, 도로배수유역과 같은 소규모 유역에 적용하기 위해서는 10분 이하의 강우지속기간을 가지는 강우 자료를 바탕으로 I-D-F 곡선을 개발할 필요가 있다.

도로배수유역에 유하하는 강우는 일반적인 하천 유역과는 달리 강우 유역의 범위가 매우 작으며, 돌발홍수 등과 같이 짧은 시간에 집중적으로 유하함에 따라 하천으로 유출되는 시간 또한 매우 짧은 특성을 가지고 있어, 현재 하천 설계와 동일한 방법으로 배수시설 설계를 하는 것은 적절하지 못하다. 이러한 이유로 1분 단위의 강우자료가 충분히 확보되어야 하며, 1분 단위 강우자료를 확보하기 위한 방법으로는 첫째로 사용할 수 있는 1분 단위 강우자료를 직접 해석하여 강우강도식을 개발하거나, 둘째로 시 단위 강우자료를 분 단위 자료로 변환하여 이용하거나, 셋째로 시 단위 자료와 분 단위 자료 사이의 관계를 통계적 방법을 활용하여 분석함으로써 주어진 시 단위 자료에 대한 분 단위 자료의 특성을 추정하는 방법 등이 있다.

2) Random Cascade 모형

시 단위 강우 관측소의 강우자료를 이용하여 1분 단위 강우자료 특성을 재현하기 위하여 Random Cascade 모형을 이용하였다. Random Cascade 모형은 관측된 강우자료의 멀티스케일링(multi-scaling) 특성을 재현할 수 있도록 고안된 것이다. 강우자료의 시간 간격 사이의 스케일링(scaling) 특성을 고려하기 위한 방법으로는 원자료의 파워 스펙트럼을 유도하여 이용하는 방법, 경험적인 확률밀도함수를 유도하여 이용하는 방법,

box-counting을 이용하는 방법, co-dimension 함수를 이용하는 방법, 통계학적 모멘트 스케일링 함수(statistical moment scaling function)를 이용하는 방법 등이 있다(31-33). 본 연구에서는 이러한 방법 중 통계학적 모멘트 스케일링 함수를 이용하는 방법을 적용하였다(32, 34-35).

이러한 특성은 q-모멘트를 이용하여 다음 식과 같이 나타냄으로써 각각의 시간간격에서 유지될 수 있다.

$$\ln\left\{E[I(\triangle t)^q]\right\} = -\tau(q)\ln(\triangle t) + \rho(q) \tag{2.6}$$

여기서 $\tau(q)$는 모멘트 스케일링 함수이며, 식 2.7로 나타낼 수 있다. 이 함수가 선형으로 나타날 경우 대상 자료는 모노스케일링(mono-scaling) 거동을 나타내고, 볼록함수(convex function) 형태로 나타날 경우 멀티스케일링 거동을 나타내게 된다(34, 36).

$$\tau(q) = c\frac{q(1-\beta)+(\beta^q-1)}{\ln 2} \tag{2.7}$$

Random Cascade 모형의 분해 과정을 정리하면 다음과 같다. 저해상도 자료의 초기 시간간격(T_0)에서 강우강도(I)를 기준으로 단계별로 또는 분해수준별로(level=1, 2, 3, ···, n) 강우강도와 초기 시간간격이 각각 둘로 나누어진다. 이때 분해된 단위시간에서의 강우강도는 $W_{i,j}I$와 같고, 여기서 $W_{i,j}$는 분해된 강우강도에 대한 각각의 가중치이다. 만일 수준 n의 분해가 발생되면, n 수준에서의 시간간격은 다음과 같다.

$$\triangle t_n = 2^{-n}T_0 \tag{2.8}$$

따라서 n 수준에서 j 번째 발생된 강우강도는 다음과 같이 표현할 수 있다.

$$I_j(\triangle t_n) = I_0\prod_{i=1}^{n}W_{i,j} \tag{2.9}$$

여기서 $j=1,\ 2,\ \cdots,\ 2^n$이고, $W_{i,j}$는 서로 독립적이며 일정한 분포를 따른다고 가정한다.

일반적으로 강우자료의 분해 시 가중치 $W_{i,j}$의 분포는 log-Poisson 분포를 가정한다 (32-33, 37). 즉,

$$W_{i,j} = A_{i,j}\ \beta^N \tag{2.10}$$

여기서 $A_{i,j}$, β는 $W_{i,j}$의 매개변수이고, N은 난수이다. 식 2.10에서 가중치 분포는 log-Poisson 분포로 가정함으로써 $P\{N=m\} = c^m\exp(-c)/m!$로 나타낼 수 있다. 가중치의 앙상블 평균(ensemble mean)은 평균 강우강도의 보존을 위하여 "1"이 되어야 한다. 양변의 앙상블 평균이 각각 "1"로 동일하면 식 2.10으로부터 식 2.11을 유도할 수 있다.

$$\langle W_{ij}\rangle = A_{ij}\exp(-c)\sum_{m=0}^{\infty}\frac{(\beta c)^m}{m!} \tag{2.11}$$

여기서 $\langle\ \rangle$는 앙상블 평균을 나타내고, 우변의 $\displaystyle\sum_{m=0}^{\infty}\frac{(\beta c)^m}{m!}$ 항은 βc로 근사할 수 있다. 따라서 식 2.11의 양변에 q-모멘트를 취하면 다음과 같다.

$$\langle W_{ij}{}^q\rangle = A_{ij}^q\ \exp[c(\beta^q-1)] \tag{2.12}$$

위에서 언급하였듯이 $\langle W_{ij}{}^q\rangle=1$이므로 다음과 같은 결과를 유도할 수 있다.

$$A_{ij} = \exp[c(1-\beta)] \tag{2.13}$$

식 2.10과 식 2.13에서 Random Cascade 모형의 가중치 $W_{i,j}$는 궁극적으로 매개변수 β와 c로 표현 가능하다.

2. 표면 박류 강우-유출 모형

강우-유출 모형으로는 Clark, SCS, Snyder, Nakayasu, 유출함수법 등의 단위도법과 첨두홍수량을 계산하는 합리식이 적용되고 있다. 이 방법들은 도로배수 설계 및 유지관리 지침(6)의 중규모 이상 유역의 설계홍수량 산정 방법으로 모두 포함되어 있다. 그러나 이러한 방법들은 모두 외국에서 개발된 방법들로서 매개변수 의존성이 강하며 각 방법에 의해 산정된 유출량들이 서로 간에 상당한 차이를 나타내고 있다. 이 중 유출량이 가장 크게 산정된 모형의 결과를 방재 측면의 안전이라는 관점에서 관행적으로 채택하고 있으나, 이는 합리적인 절차가 아니다. 여러 방법에 의한 산정 결과들이 많은 차이를 보이는 것은 사용된 방법들의 적용성이 결여된 것으로 해석되어야 한다. 즉, 외국에서 개발된 매개변수들을 그대로 사용하는 합성단위도들을 국내 유역에 그대로 적용하여 설계홍수량을 산정하는 것은 상당한 문제점을 갖고 있으며, 충분한 보정 및 검증 절차가 선행되어야 한다.

도로 인접부 유역, 표면 박류 흐름(surface sheet-flow) 등에 대한 강우-유출응답을 수리학적으로 해석하기 위하여, HEC-1(38)과 McCuen et al.(18)을 검토하고 수리학적 모형인 운동파 모형(Kinematic wave routing)을 이용하여 강우-유출 모형을 수립하였다. 본 연구에서는 하나의 지표요소로부터 유출되는 단위폭당 유량을 모의하는 모형, 하나의 지표요소와 주수로요소를 포함하는 유역의 유출을 모의하는 모형과 두 개의 지표요소와 주수로요소를 포함하는 유역의 유출을 모의하는 모형을 각각 수립하였다. 지표요소로부터 유출되는 단위폭당 유량을 모의하는 모형은 노면배수시설의 설계에 있어서 표면 박류 흐름을 모의하기 위한 단위 프로그램으로 이용될 수 있다.

운동파는 중력과 마찰력이 중요하고 가속항의 관성력과 압력은 중요하지 않은 흐름이다. 중력과 마찰력이 서로 평형을 이루어 흐름은 등류가 되므로 운동파 추적은 연속방정식과 등류의 운동량방정식을 푸는 것이 된다. 연속방정식은 다음과 같다.

$$\frac{\partial A}{\partial t} + \frac{\partial Q}{\partial x} = q \qquad (2.14)$$

여기서 x는 흐름 방향으로 거리(m, ft, …), t는 시간(sec, minutes, hr, …), A는 흐름 단면적(km^2, mi^2, ft^2, …), Q는 상류단에서 유입되는 유량(m^3/sec, …), q는 수로의 측벽에 분포되어 있는 측벽유입량(lateral inflow)을 나타낸다.

관성, 압력, 중력 및 마찰력을 포함하는 운동량방정식에서 국부, 이송가속항과 압력항이 제외되어 얻어지는 운동량방정식은 다음과 같다.

$$S_o = S_f \qquad (2.15)$$

식 2.15에서 중력과 마찰력이 평형을 이루므로 흐름은 등류이며, 등류는 Manning 공식이나 Chezy 공식으로 기술된다. Manning 공식은 다음과 같다.

$$Q = \frac{1}{n}AR^{2/3}S_f^{1/2} = \frac{1}{n}\frac{S_f^{1/2}}{P^{2/3}}A^{5/3} \qquad (2.16)$$

여기서 n은 Manning의 조도계수, R은 동수반경이고, S_f는 에너지경사이다. 식 2.16의 유량은 다음과 같이 단면적의 함수로 나타낼 수 있다.

$$Q = \alpha A^m \qquad (2.17)$$

여기서 유량과 단면적의 관계를 나타내는 계수 α와 m은 다음과 같다.

$$\alpha = \frac{1}{n}\frac{S_f^{1/2}}{P^{2/3}}, \ m=5/3 \qquad (2.18)$$

연속방정식 2.14에 체인 룰(chain rule)을 적용하고 식 2.18을 대입하면 식 2.19와 같은 운동파방정식(kinematic wave equation)의 표준형태식을 얻을 수 있다. 여기서 단면적(A)만이 종속변수이며 α와 m은 상수로 간주된다.

$$\frac{\partial A}{\partial t} + \alpha m A^{(m-1)}\frac{\partial A}{\partial x} = q \qquad (2.19)$$

식 2.19에 대한 유한차분식의 표준형은 다음과 같다.

$$\frac{A_{(i,j)} - A_{(i,j-1)}}{\Delta t} + \alpha m \left[\frac{A_{(i,j-1)} + A_{(i-1,j-1)}}{2}\right]^{m-1} \times \left[\frac{A_{(i,j-1)} - A_{(i-1,j-1)}}{\Delta x}\right] = q_a \qquad (2.20)$$

$$\frac{q_{(i,j)} + q_{(i,j-1)}}{2} = q_a \qquad (2.21)$$

따라서 미지의 단면적, A(i, j)의 해는 전단계의 위치 및 시간에서 주어진 모든 항의 값 또는 경계조건으로부터 다음과 같이 구할 수 있다.

$$A_{(i,j)} = q_a \Delta t + A_{(i,j-1)} - \alpha m \left(\frac{\Delta t}{\Delta x}\right)\left[\frac{A_{(i,j-1)} + A_{(i-1,j-1)}}{2}\right]^{m-1} \times \left[A_{(i,j-1)} - A_{(i-1,j-1)}\right] \qquad (2.22)$$

$$Q_{(i,j)} = \alpha \left[A_{(i,j)}\right]^m \qquad (2.23)$$

차분식의 표준형을 이용하기 위해서는 안정계수 R이 1보다 작아야 한다(39).

$$R = \frac{\alpha}{q_a \Delta x}\left[\left(q_a \Delta t + A_{(i-1,j-1)}\right)^m - A_{i-1,j-1}^m\right], \quad q_a > 0 \qquad (2.24)$$

$$R = \alpha m A_{(i-1,j-1)}^{m-1} \frac{\Delta t}{\Delta x}, \quad q_a = 0 \qquad (2.25)$$

R이 1보다 큰 경우에 대해서는 수치 계산의 안정성을 확보하기 위하여 유한차분법의 보존형태식을 활용해야 한다.

$$\frac{Q_{(i,j)} - Q_{(i-1,j)}}{\Delta x} + \frac{A_{(i-1,j)} - A_{(i-1,j-1)}}{\Delta t} = q_a \qquad (2.26)$$

상기 식으로부터 미지항 Q(i, j)는 식 2.27로 나타낼 수 있으며, A(i, j)는 식 2.28로 나타낼 수 있다.

$$Q_{(i,j)} = Q_{(i,j)} + q_a \triangle x - \frac{\triangle t}{\triangle x} \left[A_{(i-1,\,j)} - A_{(i-1,\,j-1)} \right] \qquad (2.27)$$

$$A_{(i,\,j)} = \left[Q_{(i,\,j)}/\alpha \right]^{1/m} \qquad (2.28)$$

3. 부등류 해석

　도로 노면의 배수를 위한 도수로의 간격이나 종방향 경사에 따른 유출구의 적정 간격 결정에 있어서, 지금까지는 강우지속기간이 도달시간과 같아지는 임계지속시간, 즉 최대 유출량을 발생시키는 지속시간을 고려하지 않았으며, 연속적으로 유입되는 횡유입량에 의해 유량이 선형적으로 증가하는 배수로에 대한 흐름 거동의 해석 과정이 부재하였다. 최근의 잦은 기상변화로 인하여 국지적 집중호우가 빈번하게 발생하므로, 기존 도수로 간격 설정 기준의 검토와 도로 노면배수시설의 배제 능력의 재산정이 필요하다. 따라서 임계지속시간을 고려하고, 선형 배수로의 흐름인 부등류의 이론을 기반으로 한 노면배수 수리계산 방법을 적용하여 설계에 반영하여야 한다.

　등류 해석을 기반으로 한 배수시설의 설계는 수로의 흐름을 적절하게 반영하지 못하는 경향이 있으므로 합리적인 배수시설의 설계를 위하여 부등류 해석을 기반으로 하는 흐름 해석 모형이 요구된다. 노면에 내리는 우수의 배수를 위한 수로는 양단에 유출구를 갖는 선형 배수로(linear drainage channel)로서, 연속적으로 유입되는 횡유입량에 의하여 유량이 선형적으로 증가한다(<그림 2.1> 참조). 본 연구에서는 이러한 선형 배수로의 흐름 해석을 위한 전산 모형을 수립하고, 임의의 선형 배수로에 적용하여 수로 내 흐름 형

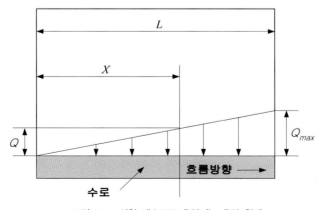

<그림 2.1> 선형 배수로로 유입되는 유량 형태

태 및 수로 내에서 발생하는 최대 수심을 조사하였다.

<그림 2.2>는 수로의 양단에 유출구를 갖는 선형 배수로 내의 일반적인 흐름 형태를 나타낸다. 여기서 O지점은 분수계(water dividend)를 의미하며, 이를 기준으로 상류 측에서 유입된 유량(Q_A)은 상류단(A지점)을 통하여, 하류 측에서 유입된 유량(Q_B)은 하류단(B지점)을 통하여 유출된다. 이러한 선형 배수로의 종단경사가 영이라면 수면곡선은 수로 중앙에 위치한 분수계를 중심으로 좌우 대칭이 되며 최대 수심은 수로 중앙에서 발생한다. 그러나 종단경사가 커짐에 따라 하류 측 유출구를 통하여 유출되는 수량이 증가하게 되고, 분수계는 수로 중앙보다 상류단 쪽으로, 최대 수심 발생지점은 하류단 쪽으로 이동하게 된다.

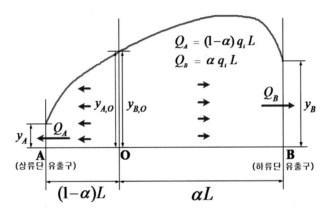

<그림 2.2> 선형 배수로의 일반적인 흐름 형태

하류단에 하나의 유출구를 갖는 선형 배수로의 부등류 흐름 해석에서 수로로 유입되는 측면유량 및 수로 형상 등의 조건이 일정하다면, 지배단면이 발생하는 위치는 수로의 종방향 경사에 따라 달라진다. 종단경사가 임계경사보다 커지면 지배단면은 더 이상 수로 끝단에서 발생하지 않고 수로 내에서 발생하게 된다. 그러므로 이러한 임계경사를 미리 산정하여 지배단면의 위치를 확인할 필요가 있다. 임계경사는 다음과 같이 임의의 지점(x)이 지배단면이 되도록 하는 종단경사(S_0)를 산정하여 결정할 수 있다.

수로의 어떤 임의의 지점(x)에서 한계수심이 발생한다고 가정하면, 그 지점은 x_c로 나타낼 수 있으며, 선형 배수로 흐름에 대한 지배 방정식인 식 2.29는 영이 된다. 이는 식 2.30으로 나타낼 수 있다.

$$\frac{dy}{dx} = \frac{S_o - S_f - (2Q/gA^2)(dQ/dx)}{1 - (Q^2/gA^2 D)} \tag{2.29}$$

여기서 Q는 유량, y는 수심, A는 통수단면적, D는 평균수심, So는 수로 종단경사, g는 중력가속도이며, x는 종방향 위치를 나타내는 변수이다.

$$S_{o,x} - S_{f,x} = \frac{2Q(dQ/dx)}{gA^2} \tag{2.30}$$

선형 배수로에서 유량은 x가 증가함에 따라 선형적으로 증가하며, 상류단 지점(x=0인 지점)에서 측면에서 유입되는 유량은 없으므로 식 2.31이 성립한다.

$$\frac{dQ}{dx} = \frac{Q}{x} = q_i \tag{2.31}$$

식 2.31과 x지점의 수심이 한계수심임을 이용하여 식 2.30을 정리하면 식 2.32를 얻을 수 있고, 이때 마찰경사는 식 2.33으로 나타낼 수 있다.

$$S_{o,x} = S_{f,x} + 2\frac{D_{c,x}}{x} \tag{2.32}$$

$$S_{f,x} = \frac{n^2 g D_{c,x}}{R_{c,x}^{4/3}} \tag{2.33}$$

여기서 아래첨자 x는 어떤 지점에서 한계수심이 발생할 경우를 의미하며, $S_{o,x}$는 어떤 지점 x에서 한계수심이 발생하는 데 요구되는 종단경사, $S_{f,x}$는 그때의 마찰경사를 나타낸다. 즉, 어떤 지점(x)과 그 지점을 지배단면으로 만드는 수로경사($S_{o,x}$)와의 관계로부터 주어진 수로 길이에 대하여 그 수로의 하류단을 지배단면으로 만드는 임계경사를 결정할 수 있다. 양단에 유출구를 가지는 수로의 경우, 분수계를 기준으로 하류 측의 수로(분수계 지점에서 하류단 사이의 수로)를 하류단에 하나의 유출구를 가지는 수로로 가정하여 종단경사와 지배단면의 위치의 관계를 조사할 수 있다. 양단에 유출구를 가지는 수로가 수평(종단경사가 0)으로 설치되면 분수계는 수로 중앙에 위치하므로 하류 측의 수로 길이는 전체 수로의 반이 된다. 이때 하류 측의 수로와 같은 수로 길이로 가지는 하류단에 유출구를 갖는 수로에 대한 해석을 통하여, 하류단을 지배단면으로 만드는 임계경사를 산정할 수 있다.

4. 암거 단면 설계

1) 암거 흐름 분류

도로의 횡단 배수구조물은 수리 특성에 따라 유입부 통제(inlet control)와 유출부 통제(outlet control) 수로로 분류할 수 있다. 유입부 통제수로는 유입부의 기하학적인 형상, 상류수심 등이 흐름의 특성에 영향을 주며, 유출부 통제수로는 하류부 표고, 기울기, 암거의 조도, 암거의 길이 등이 흐름의 특성에 영향을 준다.

유입부 통제수로와 유출부 통제수로는 다음 그림 2.3과 같이 유입부와 유출부가 각각 상류부 수심(HW)과 하류부 수심(TW)에 의해 잠기게 되는지 여부에 따라 총 8개 유형으로 분류된다(40). 그림 2.3의 A～D type의 경우가 유입부 통제수로에 해당되며, 유출부 통제수로의 경우도 유입부 통제수로의 경우와 마찬가지로 그림 2.3에서의 E～H type의 4가지로 분류될 수 있다.

A-type은 유입부와 유출부 모두 잠수되지 않은 경우로 C-type과 매우 유사한 흐름 특성을 보인다. 유입부의 상류수심이 C-type보다 낮다는 차이가 있으나, 암거로 유입되면서 한계수심을 지나게 되며, B-type의 경우는 유입부는 잠수되지 않은 상태이고, 유출부는 잠긴 상태로 흐르는 경우로서 암거 내에서 도수현상(hydraulic jump)이 발생하는 흐름이다.

C-type의 경우는 가장 일반적인 흐름으로 유입부는 잠긴 상태이고, 유출부는 잠수되지 않은 상태의 흐름의 경우로 암거 내의 흐름은 사류가 되고, D-type의 경우는 유입부와 유출부가 모두 잠긴 상태로 흐르는 경우로 일반적으로는 잘 나타나지 않는 흐름으로 B-type과 마찬가지로 암거 내에서 도수현상이 발생한다.

E-type은 유입부와 유출부 모두 잠긴 경우로 만수상태로 흐르는 경우이며, F-type의 경우는 일반적으로 암거 유입에 인한 단면 축소로 발생하는 손실수두의 영향으로 생기는 수위 하강 현상이 나타나는 흐름이다.

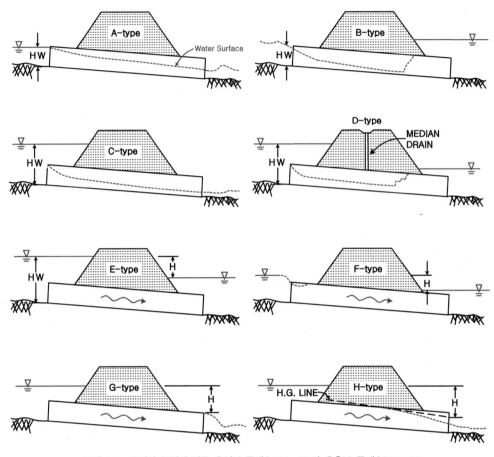

<그림 2.3> 수리적 특성에 따른 유입부 통제수로(A~D)와 유출부 통제수로(E~H)

G-type의 경우는 일반적으로는 잘 나타나지 않는 흐름의 경우로 만수상태로 흐르며, 하류부 수심이 매우 작은 경우에 해당하는 흐름이고, H-type의 경우는 유입부는 잠긴 상태로 유출부는 잠수되지 않은 상태로 흐르는 경우이다.

2) 암거 흐름 해석

유입부 통제 상태의 수로일 경우 유입부가 잠겨 있는지 여부에 따라 서로 다른 계산식을 사용한다. 먼저 유입부가 잠수되어 있지 않은 경우에는 단면 형상과 재질에 따라 식 2.34 또는 식 2.35로부터 수두를 구한다. 이 경우 두 방정식은 $Q/AD^{0.5}=3.5$인 경우까지 적용된다. 연귀이음을 한 유입부인 경우에는 경사보정계수로서 -0.5S 대신 +0.7S를 사용하여야 한다.

$$\frac{HW_i}{D} = \frac{H_c}{D} + K\left(\frac{Q}{AD^{0.5}}\right)^M - 0.5S \tag{2.34}$$

$$\frac{HW_i}{D} = K\left(\frac{Q}{AD^{0.5}}\right)^M \tag{2.35}$$

유입부가 잠수되어 있는 경우에는 다음 식 2.36으로부터 수두를 구할 수 있으며, $Q/AD^{0.5}=4.0$ 이상인 경우에 적용된다.

$$\frac{HW_i}{D} = c\left(\frac{Q}{AD^{0.5}}\right)^2 + Y - 0.5S \tag{2.36}$$

여기서 HW_i는 상류수심(ft), Hc는 한계수심의 수두(ft)이고, Q는 유량(ft^3/s)이며, A는 암거단면적(ft^2)이며, D는 암거높이(ft)를 나타낸다. 또한 K, M, c와 Y는 단면 형상과 재료에 따른 상수이며, S는 암거가 설치된 경사(ft/ft)이다. Hc와 dc는 다음 식 2.37과 2.38로부터 각각 구할 수 있다.

$$H_c = d_c + \frac{V_c^2}{2g} \tag{2.37}$$

$$d_c = \sqrt[3]{\frac{q^2}{g}} \tag{2.38}$$

여기서 dc는 한계수심(ft)이고, Vc는 한계유속(ft/s)이며, q는 단위폭당 유량(unit discharge, $ft^3/s/ft$)이며, g는 중력가속도이다.

유출부 통제 수로에서는 식 2.39로부터 수두를 구할 수 있다.

$$HW_o + \frac{V_u^2}{2g} = TW + \frac{V_d^2}{2g} + H_L \tag{2.39}$$

여기서 HW_o는 유출부에서의 수심(ft)이고, V_u는 유입부로 접근하는 유속(ft/s), TW는 유출부에서의 배수수심(ft)이고, V_d는 유출부를 나가는 유속(ft/s), H_L은 마찰손실(H_e), 유입손실(H_I), 유출손실(H_O) 등을 포함한 총 손실, g는 중력가속도(ft/s^2)이다. 여기서 유입손실은 식 2.40, 유출손실은 식 2.41로부터 산정한다. 마찰손실(H_e)은 표준 축차 계산법(Standard step method)이나 직접 방법(Direct method)을 이용하여 점변류 흐름 모의를 수행하여 계산한다.

$$H_e = k_e \frac{V^2}{2g} \tag{2.40}$$

여기서 H_e는 유입손실(ft), V는 유입부 내부에서의 수두속도(ft/s), k_e는 유입부의 단면형상에 의해 결정되는 손실계수, g는 중력가속도이다.

$$H_o = 1.0 \left(\frac{V^2}{2g} - \frac{V_d^2}{2g} \right) \tag{2.41}$$

여기서 H_O는 유출손실(ft), V는 유출부 내부에서의 수두속도(ft/s), V_d는 유출부에서 나가는 유속(ft/s), g는 중력가속도이다.

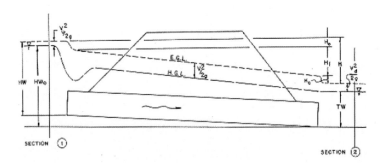

<그림 2.4> 에너지 경사선(유출부 통제)

제3장

개발 내용

1. 배수시설 설계 개선 방향
2. 분 단위 강우강도식 개발
3. 표면 박류 강우–유출 모형 개발
4. 노면배수시설 설계 전산 모형 개발
5. 횡단배수시설 설계 전산 모형 개발

1. 배수시설 설계 개선 방향

　현재 도로설계에 사용되고 있는 배수시설 설계기술은 크게 2가지 측면에서 문제점을 가지고 있다. 첫째는 도로배수시설 설계의 주요 인자인 유출량 계산을 위한 강우-유출 모형으로, 하천 유역과는 규모 면에서 상이한 소규모 도로배수유역에 적합하게 개발된 강우-유출 모형이 없으며, 둘째는 도로 노면의 우수 거동에 대한 해석 기술의 부재를 꼽을 수 있는데, 하천 수로와는 강우의 거동 양상이 다른 도로 노면에 적합한 이론적 근거 없이 설계를 수행하고 있는 현실이며, 이와 같은 현재의 도로배수 설계기술에 대한 문제점을 해결하기 위해서 다음과 같은 개선 방향을 설정하였다.

1) 운동파 이론의 강우-유출 모형 적용

　강우-유출 모형은 단지 도로배수에만 국한되지 않으며, 수자원 설계 전반에 공통적으로 필요한 해석 도구이다. 이러한 강우-유출 모형은 크게 확정론적 모형과 추계학적 모형으로 대변되며 확정론적 모형은 물 순환이 발생하는 물리적 현상에 대한 기존 지식을 적극 활용하는 것이라면, 추계학적 모형은 설명할 수 없는 물리적 현상의 내용에 대하여 통계적으로 접근하는 방법이다.

　현재까지 도로배수 설계에 적용되었던 강우-유출 모형은 합리식이나 합성단위유량도를 이용한 것으로서, 도로배수유역에 적용하기에는 취약한 이론적 기반과 지역적 특성에 따라 결과 값의 편차가 큰 문제점을 내포하고 있었으며, 이러한 단점을 극복하기 위하여 지역 의존성이 약한 물리적 모형이자 수리해석 이론을 근거로 하고 있는 운동파 이론(Kinematic Wave Theory)을 적용함으로써 도로배수유역에 적절한 설계홍수량을 산정하도록 한다. 또한, 설계홍수량 산정에 있어서 도로배수유역과 같이 협소한 유역에서는 홍수의 도달시간이 설계 강우의 지속시간을 결정하는 중요한 요소가 되나, 국내에는 적용이 되지 않고 있어 도달시간을 미지의 변수로 설정하고 시산법적 반복 과정에 의하여 설계홍수량을 산정하고자 한다.

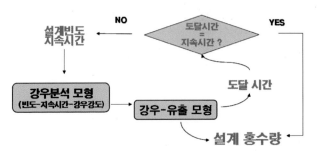

<그림 3.1> 설계홍수량 산정 개선 방향

2) 분 단위 강우강도식

강우-유출 모형에 적용되는 강우강도식의 경우, 현재는 건설교통부(5)에서 제시한 I-D-F 곡선이나 가장 가까운 수문관측소의 강우강도 도표를 사용하고 있으나, 도출된 강우강도식은 최소 10분 지속시간으로 산정된 한계성을 내포하고 있어, 도로배수유역과 같은 소규모 유역에 적용하기 위해서는 10분 이하의 강우지속기간을 가지는 강우 자료를 바탕으로 I-D-F 곡선을 개발할 필요가 있다. 도로배수유역에 유하하는 강우는 일반적인 하천 유역과는 달리 강우 유역의 범위가 매우 작으며, 돌발홍수 등과 같이 짧은 시간에 집중적으로 유하함에 따라 하천으로 유출되는 시간 또한 매우 짧은 특성을 가지고 있어, 현재 배수시설 설계는 상대적으로 과대하게 적용될 가능성이 크다. 이러한 이유로 1분 단위의 강우자료가 충분히 확보되어야 한다. 1분 단위 강우자료를 확보하기 위해서는 가용한 1분 단위 강우자료를 직접 해석하여 강우강도식을 개발하거나, 시 단위 강우자료를 분 단위 자료로 변환하여 이용하는 방법, 시 단위 자료와 분 단위 자료 사이의 관계를 통계적 방법으로 분석하여 주어진 시 단위 자료에 대한 분 단위 자료의 특성을 추정하는 방법 등이 있다.

3) 부등류 흐름 해석

도로 노면의 배수를 위한 도수로의 간격이나 종방향 경사에 따른 유출구의 적정 간격 결정에 있어서, 지금까지는 강우지속기간이 도달시간과 같아지는 임계지속시간, 즉 최대 유출량을 발생시키는 지속시간을 고려하지 않았으며, 연속적으로 유입되는 횡유입량에 의해 유량이 선형적으로 증가하는 배수로에 대한 흐름 거동의 해석 과정이 부재하였다. 최근의 잦은 기상변화로 인하여 국지적 집중호우가 빈번하게 발생하므로, 기존 도수로 간격 설정 기준의 검토와 도로 노면배수시설의 강우 배제 능력의 재산정이 필요하다. 따라서 임계지속시간을 고려하고, 선형 배수로의 흐름인 부등류의 이론을 기반으로 한 노면배수 수리계산 방법을 적용하여 설계에 반영하여야 한다. 잦은 기상변화로 인한 국지성 강우의 발생으로 도로배수시설물의 피해가 계속적으로 증가됨에 따라, 기존의 도로배수시설 설계 방법의 적극적인 개선이 필요한 상황이다.

2. 분 단위 강우강도식 개발

　도로배수시설의 설계에 있어서 홍수도달시간을 감안한 설계 강우의 지속시간 결정 및 적용을 위해서는 10분 이하의 지속시간의 강우강도를 고려한 설계가 요구되고 있으나, 현재 사용되고 있는 강우강도식은 최소 지속시간이 10분으로서 설계에 적합하지 않다. 따라서 10분 이하의 지속시간에 대한 강우강도식을 개발하기 위한 방법을 연구하고, I-D-F(강우강도－지속시간－빈도) 관계곡선 및 강우강도식을 개발하였다.

　본 연구는 관측된 1분 단위 강우자료가 시·공간적으로 부족한 현실에서, 가능한 높은 정밀도의 분 단위 I-D-F 관계식의 개발을 목적으로 하였으며, 이러한 목적으로 이용될 수 있는 방안으로는 가용한 1분 단위 강우자료를 직접 해석하여 강우강도식을 개발하는 방법, 시 단위 강우자료를 분 단위 자료로 변환하여 이용하는 방법(random cascade 모형, fractal 모형 등), 시 단위 자료와 분 단위 자료 사이의 관계를 통계적으로 정량화하여 주어진 시 단위 자료에 대한 분 단위 자료의 특성을 추정하여 이용하는 방법(모포마 분포 등) 등이 있다.

　분 단위 강우강도식 개발을 위하여 전국을 남부지역과 중부지역으로 나누어(<그림 3.2> 참고) 2단계에 걸쳐 대상지역의 강우 지속시간 10분 이하의 I-D-F 관계식을 유도하였으며 유도 절차는 다음과 같다. 우선 대상유역 내 1분 단위 강우자료와 시 단위 강우자료를 수집하여 대상 지점을 설정한다. 이와 같이 설정된 지점에 대해 Random Cascade 모형의 매개변수를 산정하고, 매개변수의 공간적 분포 특성을 파악한다. 이러한 특성을 고려하여 Random Cascade 모형을 1분 단위 강우자료가 없는 지점의 시 단위 강우자료에 적용하여 1분 단위 강우자료를 재생산하고, 이를 직접 빈도 해석하여 분 단위 강우강도식을 유도한다. 또한 연구결과인 분 단위 강우강도식을 이용하여 전국에 대한 공간적 확장을 수행하였다.

1) 대상자료 수집 및 현황 파악

(1) 분 단위 강우자료의 공간적 확장 시 지점별 내삽 가능성 평가

강우자료의 여러 가지 통계적인 특성은 무강우 자료('0' 값)에 민감하므로 강우가 발생한 자료만을 가지고 추정한 통계특성과 크게 다를 수 있다(41). 본 연구에서는 강우의 특성에 따라 두 강우관측소에서 동시에 강우가 발생한 자료(CASE A), 두 관측소에서 모두 무강우가 관측된 경우를 제외한 경우(CASE B), 모든 강우자료(CASE C)로 구분하였다. 이러한 강우자료는 두 강우관측소에서 측정된 강우를 혼합분포로 모형화할 수 있으며, 두 강우관측소에서 측정된 강우자료 사이의 상호 종속성 또는 관련성은 상관계수로 정량화될 수 있다. 본 연구에서는 Yoo와 Ha(42)에서 유도된 식을 이용하여 상관계수를 산정하였다.

중부지역 내 가용한 1분 단위 강우관측소 지점은 25개 남부지역이 34개소로, 시 단위 강우관측소에 비해 상대적으로 매우 낮은 관측밀도를 나타내고 있다. 따라서 이 자료를 직접 빈도 해석하여 공간적으로 확장하는 것은 한계가 있으며, 이것은 공간상관거리를 이용하여 확인할 수 있다(41-43). 이러한 공간상관 구조를 분석하기 위하여 분 단위 강우자료(MMR)를 이용하였으며, 강우의 발생 특성에 따라 장마, 태풍, 대류성 강우로 분류하여 적용하였으며, 대류성 강우는 장마와 태풍 기간을 제외한 나머지 기간의 강우로 고려한다.

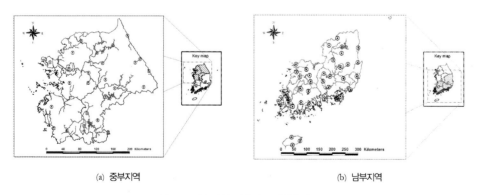

(a) 중부지역   (b) 남부지역

<그림 3.2> 분 단위 강우자료 대상유역(MMR)

본 연구에서는 중부지역 내 MMR 자료를 장마, 태풍, 대류성 강우의 강우 특성별로 구분하고 공간상관특성을 분석하였다. 강우를 모형화하기 위한 분포형으로 혼합정규분포와 혼합대수정규분포를 이용하였으며, 강우 자료구조의 세 가지 형태(Case A, Case B, Case C)를 모두 고려하였다. 무강우의 영향을 제외한 CASE A의 대류성 강우에 대한 공간상관함수는 <그림 3.3> (a), (b)에 제시하였으며, 이로부터 대상유역 내 관측소 간의 거리는 상대적으로 거리가 길고, 분 단위 강우자료의 경우 상대적으로 무강우의 영향이 큰 것을 알 수 있다. 시간해상도에 따른 공간상관함수는 <그림 3.3> (c), (d)에 제시하였으며, 이때 대상 집성시간은 1, 2, 3, 5, 10, 30, 60분이다. <그림 3.3>에서 보는 바와 같이 시간해상도에 따른 공간상관함수는 집성 시간이 길어질수록 공간상관거리가 길어지는 것으로 나타났다. 이러한 결과는 짧은 시간단위의 관측을 위해서는 더 조밀한 관측망이 필요하다는 것을 의미한다. 본 연구에서 분 단위 강우자료를 이용하여 시간해상도별 강우특성에 따라 산정된 공간상관특성을 정리하면 <표 3.1>과 같다.

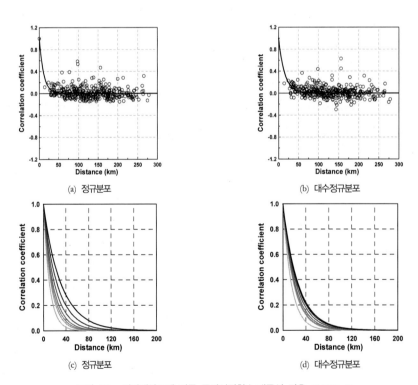

(a) 정규분포

(b) 대수정규분포

(c) 정규분포

(d) 대수정규분포

<그림 3.3> 시간해상도에 따른 공간상관함수(대류성 강우, CASE A)

<표 3.1> 강우특성별 공간상관거리 산정 결과$(y = e^{-ax})$

집성시간(분)	강우특성	정규분포			대수정규분포		
		a	l_c(km)	R^2	a	l_c(km)	R^2
1	장마	0.1026	9.75	0.893	0.0865	11.56	0.027
	태풍	0.0756	13.22	0.849	0.0674	14.84	-0.064
	대류성 강우	0.0902	11.09	0.861	0.0673	14.86	0.013
2	장마	0.0753	13.29	0.898	0.0629	15.90	0.065
	태풍	0.0548	18.25	0.841	0.0477	20.97	-0.187
	대류성 강우	0.0717	13.94	0.855	0.0526	19.01	-0.060
3	장마	0.0623	16.04	0.895	0.0521	19.18	0.157
	태풍	0.0456	21.91	0.810	0.0393	25.44	-0.370
	대류성 강우	0.0646	15.49	0.859	0.0509	19.64	-0.094
5	장마	0.0541	18.49	0.874	0.0447	22.37	0.163
	태풍	0.0378	26.44	0.778	0.0337	29.71	-0.492
	대류성 강우	0.0580	17.25	0.862	0.0474	21.10	-0.211
10	장마	0.0420	23.84	0.863	0.0357	28.04	0.255
	태풍	0.0302	33.13	0.764	0.0309	32.39	-0.492
	대류성 강우	0.0495	20.22	0.847	0.0430	23.27	-0.372
30	장마	0.0293	34.17	0.857	0.0295	33.95	0.256
	태풍	0.0225	44.42	0.710	0.0346	28.92	-0.209
	대류성 강우	0.0404	24.75	0.827	0.0396	25.24	-0.250
60	장마	0.0236	42.32	0.850	0.0303	33.04	0.194
	태풍	0.0182	54.91	0.666	0.0465	21.48	-0.368
	대류성 강우	0.0316	31.62	0.788	0.0377	26.52	-0.198

일반적으로 각 우량계의 영향범위는 원형으로 나타낸다(44). 이 경우 강우는 공간적으로 등방향성(isotropic)이라는 가정을 포함한다. 각 강우계의 영향범위를 원형으로 하는 경우 그 반지름 R은 다음과 같이 추정한다.

$$R = \sqrt{\frac{(l_c/2)^2}{\pi}} \tag{3.1}$$

여기서 l_c는 상관거리를 나타낸다. 따라서 $(l_c/2)^2$는 각 강우계를 격자 형태로 위치시키는 경우의 지배면적이 되고, 이 지배면적을 갖는 원의 반지름이 R이 된다. 이때 R은 $(l_c/2)$보다는 약간 작은 값이 된다. 이 값은 $(l_c/2)$를 바로 사용하는 경우에 비해 엄격한 기준이라 할 수 있다. 식 3.1을 이용하여 산정된 영향범위를 시간해상도별로 나타내면

<그림 3.4>와 같다. 대수정규분포를 고려할 경우 영향범위의 특성은 집성시간에 따라 대체로 증가하지만, 6월과 9월의 경우 왜곡된 결과를 보여주기도 한다. 이는 앞 절에서 살펴본 바와 같이 무강우자료 또는 강우부분의 역할에 의한 것이다. <그림 3.4>의 실선은 유도된 관측망의 영향범위를 멱함수 형태로 회귀분석한 결과이다.

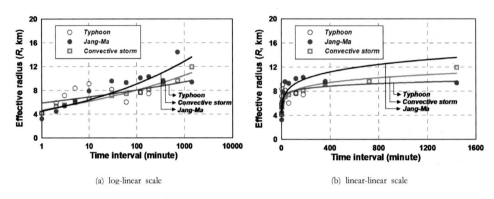

(a) log-linear scale   (b) linear-linear scale

<그림 3.4> 시간해상도별 관측망의 영향 범위(대수정규분포)

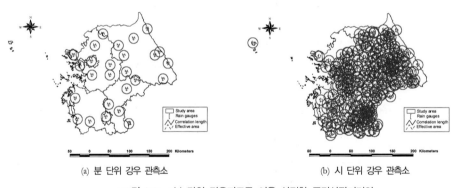

(a) 분 단위 강우 관측소   (b) 시 단위 강우 관측소

<그림 3.5> 1분 단위 강우자료를 이용 산정한 공간상관거리와
영향 범위(정규분포)

<그림 3.5>와 <그림 3.6>은 산정된 분 단위 강우 관측소 간의 공간상관거리와 영향범위를 분 단위 및 시 단위 강우 관측소별로 나타낸 것이다. 이때 1분 단위 강우자료와 시 단위 강우자료의 공간상관거리는 강우특성별 평균값을 적용하였다. 정규분포로 가정할 경우 공간상관거리의 평균값은 12.1km, 대수정규분포의 경우 13.6km로 산정되었다. 이는 1분 단위 강우자료의 신뢰도를 확보하기 위해서는 시 단위 강우 관측소보다 상대적으로 더 조밀한 관측망계가 형성되어야 함을 의미한다. 그러나 현재 운영 중인 분 단위 강우 관측소의 공간상관거리와 영향범위

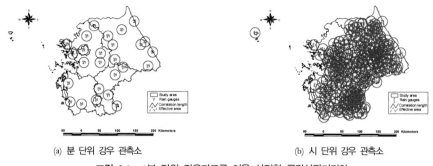

(a) 분 단위 강우 관측소   (b) 시 단위 강우 관측소

<그림 3.6> 1분 단위 강우자료를 이용 산정한 공간상관거리와
영향 범위(대수정규분포)

는 매우 짧으며, 관측소 간의 공간적인 상관성이 매우 낮음을 알 수 있다. 그러나 시 단위 강우 관측소의 공간상관거리와 영향범위를 적용할 경우에는 상대적으로 높은 조밀도를 보이고, 공간적인 분석에서도 유용하게 활용될 수 있음을 알 수 있다. 그러므로 현재 분 단위 강우 관측소의 자료만으로 지점 빈도해석을 통한 공간적인 특성을 분석할 경우, 우리나라 전역에 대해 확장하는 데 문제점을 가질 수밖에 없다. 따라서 본 연구에서는 분 단위 강우 관측소에 비해 상대적으로 관측망의 밀도가 매우 높은 시 단위 강우 관측소의 강우자료를 이용하여 1분 단위 강우자료 특성을 재현하고자 한다. 이를 위하여 Random Cascade 모형을 적용하였다.

(2) 대상 강우자료 평가 및 보완

1분 단위 강우자료의 특성을 재현하기 위해서는 대상유역 내 양질의 강우자료가 필요하다. 그러나 현재 기상청에서 제공되는 1분 단위 강우자료는 몇 가지 문제점을 가지고 있는데, 첫 번째는 분 단위 강우자료의 값이 과도하게 클 경우(50mm/min 등) 그 값에 따라 지속시간 2, 3, 4, 5분 등의 강우강도 값이 결정되고, 분 단위 강우자료의 값이 50mm/min 등으로 나타나기도 하는데 이 값을 강우강도로 변환하면 3,000mm/hr이며, 이와 같이 과도하게 큰 값으로 인해 자료의 특성이 왜곡될 여지가 매우 높다(45). 따라서 본 연구에서는 국내에서 1분 단위 강우자료의 보정 문제에 적용된 바 있는 Neter 등(46) 방법을 이용하여 자료를 보정하고 이상치를 제거하였다(47). 보정된 자료는 Random Cascade 모형의 매개변수 추정 및 1분 단위 강우자료가 없는 미계측 유역의 지점 빈도 해석 등을 위한 기본 자료로 활용하였다(<그림 3.7> 참고).

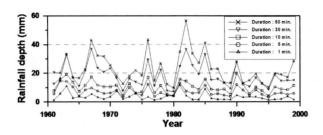

<그림 3.7> 보정된 자료를 이용한 연 최대치 강우계열(대구)

2) Random Cascade 모형의 매개변수 추정

Random Cascade 모형의 매개변수 추정에는 대상 자료를 $\ln(\triangle t)$에 대한 $\ln\{E[I(\triangle t)^q]\}$을 나타낸 후, q-모멘트별로 각각의 기울기를 추정하여 이용한다(<그림 3.8> 참고). 이 매개변수는 q-모멘트별로 추정한 기울기를 모멘트 스케일링 함수에 적합시켜 구하게 되는데, 본 연구에서는 다음과 같은 최적화 과정을 통해 매개변수를 산정하였다(33).

$$O = \sum_{i=1,n} [\tau_{obs}(q_i) - \tau_\theta(q_i)]^2 = A \ minimum \tag{3.2}$$

여기서 q_i는 본 연구에서 적용한 q-모멘트를 나타내고, $\tau_{obs}(q_i)$는 대상 자료를 이용하여 산정된 기울기를 나타낸다. $\tau_\theta(q_i)$는 임의의 수를 적용할 때의 기울기를 나타낸다. 이때 제약조건으로 $\beta, c \geq 0$을 적용하였다.

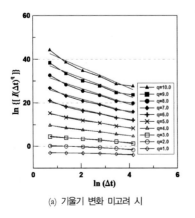

(a) 기울기 변화 미고려 시

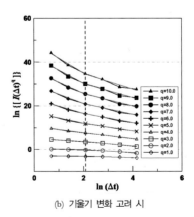

(b) 기울기 변화 고려 시

<그림 3.8> Random Cascade 모형의 매개변수 추정과정(대구)

최적화 과정으로 얻어진 매개변수는 다음 <그림 3.9>와 같으며, 미계측 지점에 대해 Random Cascade 모형의 매개변수를 추정하기 위해 각 지점의 해발표고(m)를 기준으로 회귀분석을 수행하였고 그 결과는 <표 3.2>에 제시하였다.

<표 3.2> Random Cascade 모형의 매개변수 추정을 위한 회귀분석 결과

구분	회귀식 유형	c			β		
		b	a	R^2	b	a	R^2
1~4분	선형함수(Y=bX+a)	0.00161	1.30413	0.05027	0.00072	0.47612	0.08340
	로그함수(Y=bln(X)+a)	0.10883	1.00152	0.07906	0.02912	0.41181	0.04714
	지수함수(Y=ae^{bX})	1.25742	0.00115	0.05033	0.00127	0.46225	0.05447
	멱함수(Y=aX^{b})	0.08267	0.99477	0.09009	0.05286	0.41035	0.03280
4~60분	선형함수(Y=bX+a)	0.00156	1.30640	0.29377	0.00043	0.60196	0.08667
	로그함수(Y=bln(X)+a)	0.07047	1.14025	0.20717	0.02152	0.54853	0.07507
	지수함수(Y=ae^{bX})	1.30651	0.00105	0.27974	0.00066	0.59815	0.07371
	멱함수(Y=aX^{b})	0.04756	1.16767	0.19856	0.03349	0.55020	0.06521

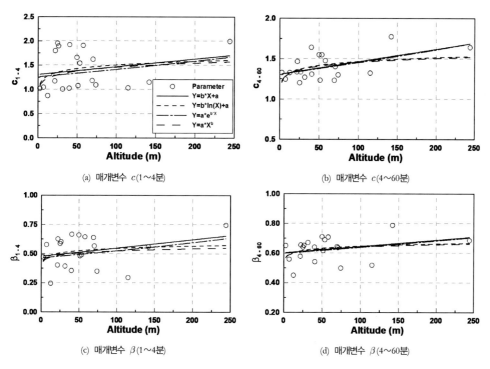

(a) 매개변수 c(1~4분) (b) 매개변수 c(4~60분)

(c) 매개변수 β(1~4분) (d) 매개변수 β(4~60분)

<그림 3.9> Random Cascade 모형의 매개변수 추정

<그림 3.9>는 분 단위 강우자료 지점에 대한 Random cascade 모형의 매개변수 추정 결과이며, 회귀분석한 결과는 <표 3.3>에 제시하였다. <표 3.3>에서 보이는 바와 같이 선형함수(linear equation)로 회귀분석한 결과로부터 가장 높은 결정계수가 도출되었다. 그러나 선형함수의 경우 물리적인 특성을 반영하기에는 한계가 있음을 알 수 있다. 선형함수를 제외한 나머지 형태로 회귀분석한 경우를 살펴보면, 멱함수 형태의 결과가 로그함수 또는 지수함수의 형태보다 상대적으로 공간적인 특성을 고려하는 데 적절할 것으로 판단된다. 따라서 본 연구에서는 멱함수 형태의 회귀분석 결과를 이용하여 분 단위 강우자료가 없는 미계측 지점의 시 단위 강우자료에 적용하였다.

3) 지점별 분 단위 I-D-F 관계 유도

전국의 시 단위 강우 관측소는 약 400~500여 개로 국토해양부, 기상청, 한국수자원공사 등이 관할하고 있다. 분 단위 I-D-F 관계를 유도하기 위하여 수행되는 빈도해석과 같이 확률해석에 사용되는 수문자료는 기록 기간이 충분히 길고 정확해야 하며 그 목적에 부합되는 자료여야 한다. 특히 관측기록은 모집단의 표본이므로 이 표본의 수가 너무 적으면 이로부터 계산되는 확률은 신뢰도가 매우 낮게 된다. 건설교통부(5)는 자료연한, 자료품질 등을 고려하여 전국에 걸쳐 기상청 산하 68개 지점에 대해 빈도해석 한 바 있다. 본 연구에서는 전국 관측소의 시 단위 강우자료를 수집하여 결측치를 제외한 자료의 기간이 10년 이상인 자료를 보유한 관측소를 대상으로 선정하였다. 선정된 관측소 지점은 기상청 산하 43개, 국토해양부 산하 127개, 수자원공사 산하 17개 지점이다(<표 3.3> 참고).

Random Cascade 모형을 적용하여 시 단위 강우자료로부터 분 단위 강우자료를 재생산하고 이를 대상으로 빈도해석 한 결과는 분 단위 강우강도-지속시간-재현기간(I-D-F) 곡선으로부터 살펴볼 수 있다. 남부지역에 소재한 대상 지점 중 대구 지점에 대해 유도한 분 단위 I-D-F 관계를 <그림 3.10>에 제시하였다.

<표 3.3> 대상 관측소 현황

No.	관측소명	관할기관	코드	TM 좌표 (X)	TM 좌표 (Y)	해발 표고 (m)	No.	관측 소명	관할기관	코드	TM 좌표 (X)	TM 좌표 (Y)	해발 표고 (m)
1	속초	기상청	90	336894	528699	18.0	95	장선	국토해양부	31700	225066	287883	80.0
2	대관령	기상청	100	355067	466400	843.0	96	홍산	국토해양부	32380	178562	301905	30.0
3	춘천1	기상청	101	264626	489145	77.0	97	공주	국토해양부	33510	211367	329929	17.5
4	강릉	기상청	105	366592	473793	26.0	98	정안	국토해양부	33580	210666	345260	80.0
5	서울	기상청	108	196904	452122	86.0	99	반포	국토해양부	33750	221737	322526	80.0
6	인천	기상청	112	166708	441784	68.9	100	병천	국토해양부	34350	226768	362724	60.0
7	원주	기상청	114	283826	426582	240.0	101	가덕	국토해양부	34550	251608	342051	130.0
8	수원	기상청	119	198616	418918	36.9	102	증평	국토해양부	34650	252436	364822	70.0
9	서산	기상청	129	154751	364035	19.7	103	진천	국토해양부	34850	240595	374308	80.0
10	청주	기상청	131	239342	348768	57.0	104	부강	국토해양부	35050	233169	336523	40.0
11	대전	기상청	133	233325	319080	68.0	105	안내	국토해양부	36450	259165	321803	80.0
12	추풍령	기상청	135	289334	302609	245.9	106	청산	국토해양부	36650	271217	316441	120.0
13	강화	기상청	201	151134	467381	46.4	107	모서	국토해양부	37550	286123	316178	248.0
14	양평	기상청	202	243656	443048	49.0	108	양감	국토해양부	63900	195051	397657	20.0
15	이천	기상청	203	242882	418130	75.0	109	성환	국토해양부	68500	213126	383140	20.0
16	인제	기상청	211	302354	506996	199.0	110	안성	국토해양부	69000	224746	389637	40.0
17	홍천	기상청	212	277590	464941	141.0	111	원삼	국토해양부	69500	227457	407436	140.0
18	보은	기상청	226	265711	332110	170.0	112	예산	국토해양부	73500	181830	354212	50.0
19	보령	기상청	235	160187	314136	33.0	113	홍성	국토해양부	79700	169252	344350	30.0
20	부여	기상청	236	192821	307963	16.0	114	반월1	국토해양부	133000	187932	423382	22.0
21	금산	기상청	238	243301	289569	171.0	115	반월2	국토해양부	136000	189359	427678	58.0
22	내리	국토해양부	10680	220044	476003	170.0	116	포항	기상청	138	129°24'	36°02'	2.5
23	김포	국토해양부	12100	174885	457050	20.0	117	군산	기상청	140	126°42'	35°59'	26.3
24	구로	국토해양부	12250	189932	443705	35.0	118	대구	기상청	143	128°37'	35°53'	57.8
25	안양	국토해양부	12350	191376	433628	27.0	119	전주	기상청	146	127°09'	35°49'	51.2
26	남면	국토해양부	12450	194805	427287	40.0	120	울산	기상청	152	129°19'	35°33'	31.5
27	의정부	국토해양부	12650	204092	471265	42.0	121	광주	기상청	156	126°53'	35°10'	70.3
28	낙생	국토해양부	12900	204401	432345	40.0	122	부산	기상청	159	129°02'	35°06'	69.2
29	퇴계원	국토해양부	13300	213334	460845	31.0	123	통영 (충무)	기상청	162	128°26'	34°51'	25.0
30	내촌(경)	국토해양부	13350	218531	476539	110.0	124	목포	기상청	165	126°23'	34°47'	53.4
31	금곡	국토해양부	13400	218513	459193	60.0	125	여수	기상청	168	127°44'	34°44'	67
32	팔당댐	국토해양부	13650	224889	447297	20.0	126	진주	기상청	192	128°06'	35°12'	21.5
33	남한산성	국토해양부	13750	216303	441886	20.0	127	부안	기상청	243	126°42'	35°43'	7.0
34	경안	국토해양부	13800	223227	433847	60.0	128	임실	기상청	244	127°17'	35°37'	244.0
35	모현	국토해양부	13830	222052	426013	20.0	129	정읍	기상청	245	126°53'	35°34'	40.5
36	포곡	국토해양부	13870	256853	517444	20.0	130	남원	기상청	247	127°25'	35°25'	115.0
37	용인1	국토해양부	13910	216516	414680	87.0	131	순천	기상청	256	127°29'	34°56'	74.0
38	운학	국토해양부	13950	221755	411303	150.0	132	장흥	기상청	260	126°55'	34°41'	40.0

39	청평	국토해양부	14150	234885	467851	36.0	133	해남	기상청	261	126°34'	34°33'	22.1
40	하면	국토해양부	14200	231064	479543	117.0	134	고흥	기상청	262	127°18'	34°36'	32.4
41	서면	국토해양부	14400	259082	465901	130.0	135	밀양	기상청	288	128°45'	35°29'	12.5
42	홍천	국토해양부	14500	280192	467485	204.0	136	산청	기상청	289	127°53'	35°25'	141.8
43	서석	국토해양부	14650	304524	468577	320.0	137	남해	기상청	295	127°52'	34°47'	49.8
44	두촌2	국토해양부	14680	289570	485586	206.0	138	상북	국토해양부	20350	127°04'	35°24'	180.0
45	가평(경)	국토해양부	14800	245538	481111	60.0	139	산내	국토해양부	20600	128°53'	35°35'	200.0
46	춘천	국토해양부	15010	258924	480481	73.0	140	영산	국토해양부	20900	128°32'	35°27'	45.0
47	추양	수자원공사	15100	277383	502808	210.0	141	지리산	국토해양부	21630	127°48'	35°21'	340.0
48	부평	국토해양부	15150	294757	496839	250.0	142	서상	국토해양부	22400	127°41'	35°41'	450.0
49	인제	수자원공사	15280	300421	504375	220.0	143	창녕	국토해양부	22650	128°27'	35°31'	40.0
50	현리	수자원공사	15350	317375	494519	320.0	144	신반	국토해양부	22700	128°19'	35°28'	100.0
51	창촌	수자원공사	15380	321504	474909	620.0	145	고령	국토해양부	23650	128°16'	35°43'	60.0
52	용대1	국토해양부	15460	316333	522206	380.0	146	야로	국토해양부	23700	128°10'	35°49'	100.0
53	용대2	수자원공사	15470	316418	522251	340.0	147	신천	국토해양부	24130	128°37'	35°47'	110.0
54	서화	수자원공사	15490	306259	526594	330.0	148	자인	국토해양부	24270	128°49'	35°49'	70.0
55	사내	국토해양부	15550	245511	507511	260.0	149	신령	국토해양부	24350	128°47'	36°02'	120.0
56	화천	국토해양부	15600	261949	511619	154.0	150	죽장	국토해양부	24460	129°06'	36°09'	214.0
57	상서	국토해양부	15650	288691	372225	420.0	151	왜관	국토해양부	24700	128°23'	35°59'	20.0
58	화천댐	국토해양부	15700	268548	512911	180.0	152	장천	국토해양부	24900	128°30'	36°07'	40.0
59	방산	국토해양부	15800	282516	523439	350.0	153	김천	국토해양부	25200	128°06'	36°06'	160.0
60	양평	국토해양부	16080	243269	442790	31.0	154	지례	국토해양부	25250	128°01'	36°58'	58.0
61	청운	국토해양부	16150	262747	450638	110.0	155	부항1	국토해양부	25300	127°57'	35°59'	200.0
62	이천	국토해양부	16350	239228	419552	63.0	156	안계	국토해양부	25550	128°26'	36°23'	50.0
63	여주	국토해양부	16450	257383	421676	45.0	157	군위	국토해양부	25650	128°34'	36°14'	100.0
64	생극	국토해양부	16530	253925	392685	100.0	158	외서	국토해양부	26180	128°04'	36°29'	140.0
65	설성	국토해양부	16550	246806	405027	100.0	159	상주	국토해양부	26350	128°09'	36°25'	60.0
66	간현	국토해양부	16660	274325	429224	70.0	160	농암1	국토해양부	26760	128°00'	36°35'	60.0
67	횡성	국토해양부	16830	287050	443792	130.0	161	동로1	국토해양부	27080	128°19'	36°46'	340.0
68	청일	국토해양부	16880	301521	454095	85.0	162	지보	국토해양부	27650	128°22'	36°31'	50.0
69	법천	국토해양부	16910	266551	411992	80.0	163	일직1	국토해양부	27900	128°39'	36°28'	190.0
70	상모	국토해양부	17110	288691	372225	180.0	164	안동	국토해양부	27950	128°48'	36°31'	92.0
71	연풍	국토해양부	17150	289005	362797	223.0	165	길안	국토해양부	28200	128°55'	36°26'	120.0
72	속리산	국토해양부	17330	272122	334680	330.0	166	현서	국토해양부	28250	128°55'	36°15'	555.0
73	백운	수자원공사	17650	290071	404301	200.0	167	석포	국토해양부	29850	129°04'	37°02'	600.0
74	청풍	수자원공사	17700	310631	390701	180.0	168	함열	국토해양부	30700	126°58'	36°04'	300.0
75	단양	수자원공사	17750	320238	385807	265.0	169	장선	국토해양부	31700	127°16'	36°05'	80.0
76	영춘1	국토해양부	17890	332195	398479	170.0	170	모서	국토해양부	37550	127°57'	36°20'	220.0
77	영춘2	수자원공사	17900	334229	400762	170.0	171	무주	국토해양부	38730	127°39'	36°00'	230.0
78	상동	수자원공사	17950	359630	401640	540.0	172	적상	국토해양부	38800	127°39'	35°55'	280.0
79	영월1	수자원공사	18050	329968	410372	200.0	173	대불	국토해양부	39290	127°22'	35°57'	380.0
80	수주	수자원공사	18250	312213	421435	270.0	174	진안	국토해양부	39690	127°25'	35°46'	308.0
81	평창	수자원공사	18450	321906	435895	295.0	175	안성장	국토해양부	39880	127°39'	35°51'	430.0

82	고길	국토해양부	18460	315384	439782	500.0	176	장수	국토해양부	39990	127°31'	35°38'	430.0
83	방림	국토해양부	18570	323334	436972	480.0	177	삼서	국토해양부	45400	126°38'	35°13'	20.0
84	대화	국토해양부	18650	328847	445324	400.0	178	북이	국토해양부	45900	126°46'	35°26'	240.0
85	신리	국토해양부	18680	328911	449313	500.0	179	하동	국토해양부	50590	127°44'	35°04'	20.0
86	유천	국토해양부	18750	321659	447933	490.0	180	복내	국토해양부	53100	127°08'	34°53'	210.0
87	등매	국토해양부	18760	323033	450864	500.0	181	보성	국토해양부	53500	127°05'	34°45'	50.0
88	봉평	수자원공사	18810	321865	458353	300.0	182	금구	국토해양부	81800	127°00'	35°46'	80.0
89	홍정	국토해양부	18870	316843	461692	640.0	183	고부	국토해양부	83000	126°46'	35°37'	40.0
90	계방	국토해양부	18950	328998	464559	700.0	184	고산	국토해양부	98000	127°12'	35°58'	40.0
91	정선1	국토해양부	19300	347015	432230	300.0	185	기계1	국토해양부	103000	129°12'	36°04'	10.0
92	정선2	수자원공사	19310	350677	432943	300.0	186	경주1	국토해양부	105900	129°18'	36°46'	35.0
93	임계	수자원공사	19800	360704	445437	498.0	187	호계	국토해양부	113000	129°21'	35°37'	20.0
94	황지	국토해양부	29960	376367	408780	660.0							

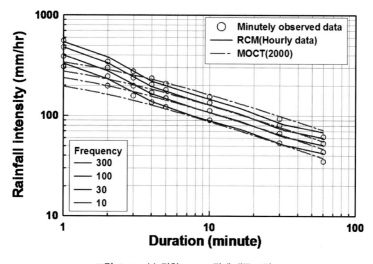

<그림 3.10> 분 단위 I-D-F 관계(대구)그림 43

　　<그림 3.10>에서는 대구 지점에서의 분 단위 I-D-F 관계를 유도할 수 있는 3가지 방법의 결과를 비교하였다. 3가지 방법이란 분 단위 강우자료를 직접 이용한 경우, 시 단위 강우자료를 Random Cascade 모형에 적용한 후 재생산된 분 단위 강우자료를 이용한 경우, 건설교통부(5)에서 제안된 강우강도식을 이용한 경우를 말한다. 여기서 건설교통부(5)에서 제안된 강우강도식은 10분 이상의 지속시간에 대해서만 적용 가능하다. 건설교통부(5)의 식을 지속시간 10분 이하로 외삽할 경우 분 단위 자료의 특성을 재현하지 못하는 것으로 알려져 있다(45). 시 단위 강우자료를 특정 방법으로 분해하여 적용할

경우의 결과는 분 단위 강우자료를 직접 빈도해석 할 경우와 특성이 유사한 것으로 나타났다. 즉, Random Cascade 모형을 적용하여 재생산된 분 단위 강우자료는 분 단위 자료의 특성을 적절히 재현하는 것을 알 수 있으며, 본 연구 결과를 이용할 경우 지속시간 10분 이하에서 확률강우량의 신뢰도를 확보할 수 있을 것으로 판단된다. <그림 3.10>에서 주목해야 할 부분은 지속시간 10분 이상의 확률강우강도이며, 시 단위 강우자료를 이용할 경우와 매우 유사한 것으로 나타났기 때문에, 지속시간 10분 이상에서도 본 연구결과의 신뢰도가 높음을 알 수 있다.

<표 3.4> 분 단위 강우강도식(대구)

재현기간	매개변수	단기간(1~4분)				장기간(4~60분)			
		Talbot	Sherman	Japanese	Semi-log	Talbot	Sherman	Japanese	Semi-log
3년	a	600.4329	248.0516	197.4717	236.5499	2472.427	173.252	267.9636	113.735
	b	1.45799	0.58945	-0.20427	-194.582	26.73954	0.41541	0.85168	-47.2038
	결정계수	0.99702	0.99823	0.99742	0.98609	0.987	0.99793	0.99781	0.98981
5년	a	678.1681	290.1023	224.1015	276	2745.358	203.8111	298.6653	131.5455
	b	1.37148	0.6013	-0.2283	-229.213	25.44551	0.42518	0.7276	-55.0633
	결정계수	0.99667	0.99822	0.9974	0.98413	0.98586	0.99782	0.99754	0.98795
10년	a	796.471	333.2917	262.7608	317.7	3120.535	239.3672	340.5565	153.1062
	b	1.42567	0.59402	-0.21178	-262.598	24.72749	0.43071	0.6632	-64.4234
	결정계수	0.99651	0.99716	0.99621	0.98493	0.98567	0.99736	0.99711	0.98707
20년	a	879.7973	381.1627	291.5433	362.4042	3490.83	272.0535	381.3609	173.1746
	b	1.34062	0.60579	-0.23581	-302.211	24.38836	0.43341	0.63046	-73.0258
	결정계수	0.99614	0.99735	0.99643	0.98285	0.98522	0.99725	0.99696	0.98638
25년	a	927.4805	394.0526	306.782	375.3	3577.575	285.3254	391.4582	180.3559
	b	1.3881	0.59932	-0.22166	-311.68	23.90278	0.43738	0.58398	-76.3005
	결정계수	0.99608	0.9966	0.99558	0.98379	0.98476	0.99712	0.9968	0.98554
30년	a	944.8953	405.6374	312.8112	385.9505	3693.93	292.1045	404.1612	185.1821
	b	1.36274	0.60269	-0.22935	-321.149	24.07657	0.43588	0.60286	-78.2654
	결정계수	0.99615	0.99714	0.99619	0.9833	0.98509	0.99698	0.99671	0.98591
50년	a	1027.028	436.6123	339.8593	415.7968	3929.935	318.9501	430.6591	200.5793
	b	1.38649	0.59945	-0.22176	-345.317	23.53797	0.44036	0.55029	-85.071
	결정계수	0.99579	0.99626	0.99522	0.98331	0.98449	0.9969	0.99659	0.98491

전국 187개 대상 지점에 빈도해석 한 결과를 회귀분석에 이용하여 일반적으로 사용되는 4가지 강우강도식 Talbot형, Sherman형, Japanese형 및 Semi-Log형을 유도하였다. 대상 지점 중 대구 지점에 대해 추정한 강우강도식은 <표 3.4>에 제시하였다. 본 연구에

서 고려한 Talbot형, Sherman형, Japanese형 및 Semi-Log형의 강우강도식은 지점별로 결정계수가 상이하지만, 모든 지속시간에서 Sherman형이 가장 적합한 것으로 나타났다.

$$I = \frac{a}{t+b} \qquad \text{(Talbot Type)} \qquad (2.1)$$

$$I = \frac{a}{t^b} \qquad \text{(Sherman Type)} \qquad (2.2)$$

$$I = \frac{a}{\sqrt{t+b}} \qquad \text{(Japanese Type)} \qquad (2.3)$$

$$I = a + b \cdot \log(t) \qquad \text{(Semi-Log Type)} \qquad (2.4)$$

여기서 I는 강우강도(㎜/hr), a와 b는 지역상수, t는 강우지속기간(min)이다.

4) 분 단위 강우강도식의 공간적 확장

본 연구에서 개발된 분 단위 강우강도식은 기본적으로 지점별 강우강도 값을 제공한다. 이러한 값은 지점별로 제공되므로 실제 적용상의 한계가 있을 수 있다. 따라서 본 연구에서는 Kriging 방법을 이용하여 미계측 지점을 포함한 전국 확률강우량도를 작성하고자 한다. Kriging 방법은 미계측 지점의 값을 주변 관측소 값들의 가중 선형 조합으로 그 값을 예측하는 방법이며, 이러한 가중 선형 조합은 다음과 같이 나타낼 수 있다.

$$Z^* = \sum_{i=1}^{n} \lambda_i z_i \qquad (3.3)$$

여기서 Z^*는 미계측 지점의 예측치, z_i는 주변 관측소 지점 수, λ_i는 예측 시 사용된 각 자료의 가중치, n은 예측을 위해 사용된 자료의 총수를 나타낸다.

· 전국에 대한 분 단위 강우강도식을 이용하여 전국에 걸쳐 지속시간별로 확률강우량도를 작성하면 <그림 3.12>와 같으며, <그림 3.11>은 건설교통부(5) 연구결과를 나타낸 것이다.

· 건설교통부(5)에서 제시한 확률강우량도의 경우 가장 짧은 지속시간은 30분에 해당하며, 본 연구의 연구결과는 지속시간 1분까지 확률강우량도 작성이 가능하다. <그

림 3.11>과 <그림 3.12>에서 동일한 지속시간인 30분과 60분에 해당하는 그림을 살펴보면, 도시지역에서의 확률강우량이 크게 나타나는 유사한 패턴을 보이고 있음을 알 수 있다. 또한 본 연구에서 적용한 Random Cascade 모형은 강우의 scale 특성을 보존하게 되며, 따라서 등우선의 형태도 장·단기간 구분시간(즉, 4분)을 중심으로 유사한 형태를 보이는 것으로 확인되었다. 본 연구에서 제시한 확률강우량도는 건설교통부(5)의 결과와 비교해볼 때 지속시간이 매우 짧을 경우, 즉 집수면적이 작은 소규모 수공구조물의 설계 시 유용하게 활용될 수 있을 것이다.

(a) 지속시간 30분

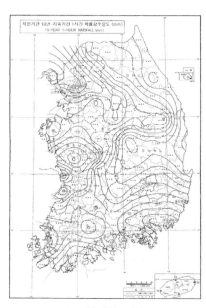

(b) 지속시간 1시간

<그림 3.11> 한국 확률강우량도(재현기간 10년)

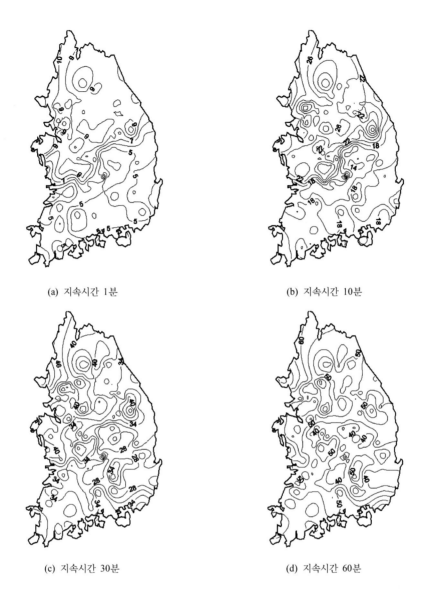

(a) 지속시간 1분   (b) 지속시간 10분

(c) 지속시간 30분   (d) 지속시간 60분

<그림 3.12> 지속시간별 확률강우량도 작성(재현기간 10년)

3. 표면 박류 강우-유출 모형 개발

1) 강우-유출 모형 검토

· 강우-유출 모형으로는 Clark, SCS, Snyder, Nakayasu, 유출함수법 등의 단위도법과 첨두홍수량을 계산하는 합리식이 적용되고 있다. 이 방법들은 도로배수 설계 및 유지관리 지침(6)의 중규모 이상 유역의 설계홍수량 산정 방법으로 모두 포함되어 있다. 그러나 이러한 방법들은 모두 외국에서 개발된 방법들로서 매개변수 의존성이 강하며 각 방법에 의해 산정된 유출량들이 서로 간에 상당한 차이를 나타내고 있다. 이 중 유출량이 가장 크게 산정된 모형의 결과를 방재 측면의 안전이라는 관점에서 관행적으로 채택하고 있으나, 이는 합리적인 절차가 아니다. 여러 방법에 의한 산정 결과들이 많은 차이를 보이는 것은 사용된 방법들의 적용성이 결여된 것으로 해석되어야 한다. 즉, 외국에서 개발된 매개변수들을 그대로 사용하는 합성단위도들을 국내 유역에 그대로 적용하여 설계홍수량을 산정하는 것은 상당한 문제점을 갖고 있으며, 충분한 보정 및 검증 절차가 선행되어야 한다.

2) 운동파 방정식을 이용한 강우-유출 모형

· 도로 인접부 유역, 표면 박류 흐름(surface sheet-flow) 등에 대한 강우-유출응답을 수리학적으로 해석하기 위하여, HEC-1(38)과 McCuen 등(18)을 검토하고 강우 유출 응답의 수리 모형인 운동파 모형(kinematic wave routing)을 이용하여 강우-유출 모형을 수립하였다.

모형의 수립을 위해 하나의 지표요소로부터 유출되는 단위폭당 유량을 모의하는 모형, 하나의 지표요소와 주수로요소를 포함하는 유역의 유출을 모의하는 모형과 두 개의 지표요소와 주수로요소를 포함하는 유역의 유출을 모의하는 모형을 각각 수립하였다.

(1) 운동파 방정식

운동파 방정식은 연속방정식과 등류의 운동량방정식을 푸는 것이 되며, 형태는 다음과 같다.

$$\frac{\partial A}{\partial t} + \alpha m A^{(m-1)} \frac{\partial A}{\partial x} = q \tag{2.19}$$

여기서 x는 흐름 방향으로 거리(m, ft, …), t는 시간(sec, minutes, hr, …), A는 흐름 단면적(km^2, mi^2, ft^2, …), q는 수로의 측벽에 분포되어 있는 측벽유입량(lateral inflow)을 나타내고, 유량과 단면적의 관계를 나타내는 계수 α와 m은 다음과 같다.

$$\alpha = \frac{1}{n} \frac{S_f^{1/2}}{P^{2/3}}, \quad m=5/3 \tag{2.18}$$

(2) 강우-유출 모형 수립

첫 번째, 호우 발생 시 하나의 지표요소로부터 유출되는 단위폭당 유량을 모의하는 모형은 <그림 3.13>과 같은 지표요소의 유출응답을 운동파 모형을 이용하여 모의한다. 여기서 지표요소의 단면형상은 직사각형인 것으로 가정하며, 유출모의를 위해서는 지표요소의 경사, 조도계수, 폭, 그리고 강우강도 및 지속시간이 입력되어야 한다. 본 연구에서는 <표 3.5>와 같은 특성을 가지는 하나의 지표요소를 설정하고, 수립된 모형을 적용하여 10분 동안 10mm의 호우가 발생했을 때 유출을 모의하였다(<그림 3.14> 참고).

<표 3.5> 지표요소의 특성(모형 I)

요소	경사(PS, m/m)	조도계수(Pn)	폭 길이(PL, m)
지표	0.02	0.013	10

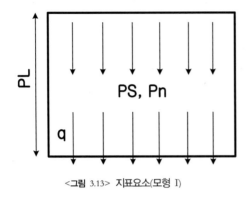

<그림 3.13> 지표요소(모형 I)

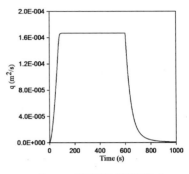

<그림 3.14> 단위폭당 유량(모형 I)

두 번째, 하나의 지표요소와 주수로요소로 구성된 유역의 유출구에서 발생하는 유량을 모의하기 위한 모형을 수립하였다. 지표요소 위에 떨어진 우수는 주수로로 유입되어 흐르며 모형에서 이러한 흐름은 운동파 방정식에 근거하여 계산된다. 지표요소의 단면은 직사각형으로 가정하며, 수로의 단면은 사다리꼴(직사각형, 삼각형 포함) 형상을 대상으로 한다(<그림 3.15> 참고). 지표요소의 경사, 조도계수, 폭, 수로요소의 경사, 조도계수, 단면형상, 강우강도 및 지속시간이 입력변수로 주어지면, 지표요소에서 수로로 유입되는 단위폭당 유량(q) 및 수로 유량(Q)을 산정할 수 있다. 본 연구에서는 <표 3.6>의 특성을 갖는 유역을 설정하여 10분 동안 10mm의 호우가 발생했을 때 유출응답을 모의하였다(<그림 3.16>과 <그림 3.17> 참고).

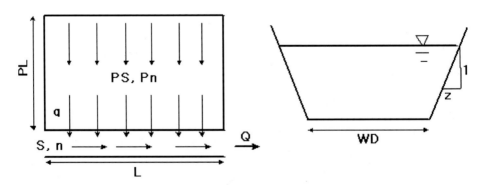

<그림 3.15> 하나의 지표요소 및 주수로요소로 구성된 유역형태와 단면형상(모형 II)

<표 3.6> 지표요소와 주수로요소의 특성(모형 II)

요소	경사 (S, m/m)	조도계수 (n)	길이 (L, m)	수로바닥 폭 (WD, m)	수로단면 측면경사(Z)
지표	0.02	0.013	10		
주수로	0.003	0.025	2000	2	2

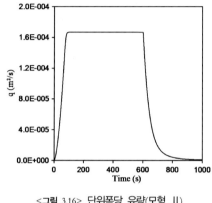

<그림 3.16> 단위폭당 유량(모형 II)

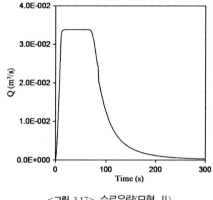

<그림 3.17> 수로유량(모형 II)

세 번째, 두 개의 지표요소와 주수로로 구성된 유역에 대한 유출유량을 모의하기 위한 모형을 수립하였으며, 이러한 유역은 <그림 3.18>과 같다. 각 지표요소의 경사, 조도계수, 폭, 수로요소의 경사, 조도계수, 단면형상, 그리고 강우강도 및 지속시간이 주어지면 수로유량(Q)을 모의할 수 있으며, 각 지표요소의 특성은 다르게 입력될 수 있다. <표 3.7>과 같은 특성을 가지는 유역을 설정하고, 수립된 모형을 적용하여 10분 동안 10mm 의 호우가 발생했을 때 유출응답을 모의하였다. 여기서 두 지표요소의 특성은 동일하도 록 설정하였으므로 임의의 호우에 대하여 두 지표요소로부터 유출되는 단위폭당 유량 또한 일치하여야 한다. 또한 앞에서 사용한 지표요소, 주수로요소 및 호우특성과 동일한 조건하에 모형을 적용하였으므로, 단위폭당 유량은 동일하며 수로유량의 수문곡선의 형 태는 유사하다(<그림 3.19>와 <그림 3.20> 참고). 단, 지표요소의 증가로 주수로 흐름에 기여하는 집수면적이 두 배로 증가하였기 때문에 유출되는 수로유량은 증가하였다.

<표 3.7> 지표 및 주수로요소의 특성(모형 Ⅲ)

요소	경사 (S, m/m)	조도계수(n)	길이(L, m)	수로바닥 폭 (WD, m)	수로단면 측면경사(Z)	유역면적
지표 1	0.02	0.013	10	-	-	0.02
지표 2	0.02	0.013	10	-	-	0.02
주수로	0.003	0.025	2000	2	2	0.04

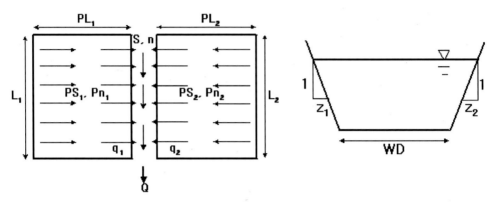

<그림 3.18> 두 지표요소와 주수로로 구성된 유역형태와 수로의 단면형상(모형 Ⅲ)

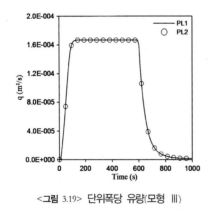

<그림 3.19> 단위폭당 유량(모형 Ⅲ)

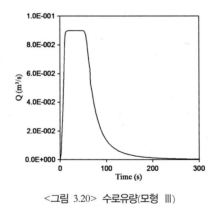

<그림 3.20> 수로유량(모형 Ⅲ)

3) 강우-유출 모형 검증 및 보완

지표요소와 주수로요소로 구성된 유역의 유출을 모의하는 표면 박류 유출 해석 모형을, 도로배수유역처럼 강우-유출 응답 시간이 매우 짧은 유역에 대해서도 높은 정확성을 가질 수 있도록, 더 작은 시간간격 및 거리간격으로 유출 모의를 할 수 있도록 수정하였다. 수정된 표면 박류 유출 모형으로 유출 모의한 결과를 HEC-1 모형(38)을 적용한

결과와 비교하고, 유역으로 들어오는 강우체적과 유출되는 유출체적을 비교하여 유입·
유출량이 보존되고 있는지를 확인함으로써 모형을 검증하였다. 유출 해석 결과를 검증
한 표면 박류 강우－유출 모형은 임계지속시간의 개념을 반영하여 설계홍수량을 결정할
수 있도록 보완하였다.

(1) 강우－유출 모형 검증

　본 연구에서 개발된 표면 박류 강우－유출 모형을 검증하기 위하여 대상유역 및 강우
사상을 선정하여 유출 해석을 수행하고 HEC-1 모형(38)의 모의 결과와 비교하였다.
HEC-1 모형을 적용하기 위한 대상유역은 최소 하나의 지표요소와 주수로요소로 구성되
어 있어야 한다. 그러므로 <그림 3.21>과 같은 하나의 주수로요소를 포함하는 지표요소
가 하나인 유역과 지표요소가 두 개인 유역을 고려하였다. 각 대상유역을 구성하고 있는
지표요소와 주수로요소의 특성은 <표 3.8>과 같다. 이때 지표요소가 하나인 대상유역의
면적은 $0.02km^2$, 두 개의 지표요소로 구성된 대상유역의 면적은 $0.04km^2$가 된다.

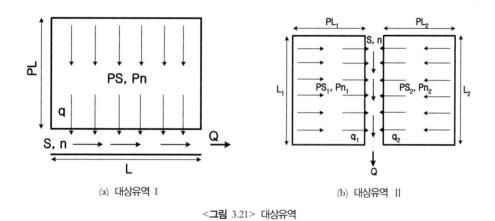

(a) 대상유역 I　　　　　　　　　　　　　　　(b) 대상유역 II

<그림 3.21> 대상유역

　유출 해석의 입력으로 사용되는 강우강도는 2차 연도에 개발된 서울지점의 분 단위
강우강도식의 Japanese형을 이용하여 결정하였으며, 재현기간이 10년인 경우 지속시간
이 각각 2, 5, 10분인 강우사상과 지속시간이 10분인 경우 재현기간이 각각 2년, 50년인
강우사상인 5개의 강우사상에 대하여 두 대상유역에서 발생하는 유출을 모의하였다(<표
3.9> 참고).

개발된 유출 모형을 적용하기 위해서는 지표요소와 주수로요소의 유출 해석에 사용되는 시간간격(dt)과 거리간격(dx)을 설정해주어야 하며, 본 연구에서는 지표요소에 대하여 0.5초와 1m, 주수로요소에 대하여 1.0초와 10m를 적용하였다.

<표 3.8> 대상유역의 특성

대상유역	요소	경사 (S, m/m)	조도계수 (n)	길이 (L, m)	수로바닥 폭 (WD, m)	수로단면 측면경사(Z)
I	지표 1	0.02	0.013	10		
	주수로	0.003	0.025	2000	2	2
II	지표 1	0.02	0.013	10		
	지표 2	0.02	0.013	10		
	주수로	0.003	0.025	2000	2	2

<표 3.9> 재현기간 및 지속시간별 강우사상(서울지점 분 단위 강우강도식)

구분	재현기간(연)	지속시간(분)	강우강도(mm/hr)
I	10	2	379.82
II	10	5	189.49
III	10	10	121.10
IV	2	10	76.88
V	50	10	161.70

가. HEC-1 모형과 비교 검토

연구를 통해 개발된 표면 박류 유출 모형과 HEC-1 모형을 적용하여 얻어진 각 대상유역에 대한 강우사상별 유출수문곡선은 <그림 3.22>~<그림 3.26>에 제시하였다. 제시된 유출수문곡선으로부터 두 모형의 적용 결과가 거의 유사함을 알 수 있다. 단, HEC-1 모형은 유출수문곡선을 시간간격은 1분, 소수점 셋째자리로 제공하므로 유역면적이 작은 유역에 대한 유출수문곡선을 정확하게 제시하지 못하고 유출량이 계단함수로 나타나는 부분이 발생한다. 그러나 본 연구에서 수립한 표면 박류 유출 모형은 소유역에 대한 유출모의에 있어서 더 적절한 유출수문곡선을 제시할 수 있음을 알 수 있다.

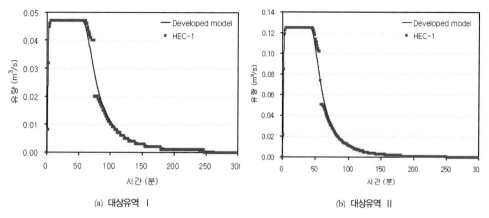

(a) 대상유역 Ⅰ   (b) 대상유역 Ⅱ

<그림 3.22> 유출수문곡선(재현기간 10년, 지속시간 2분)

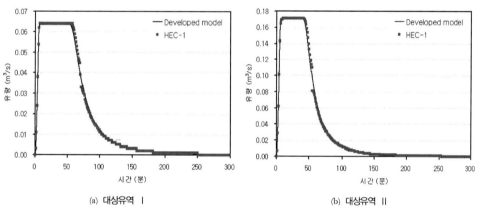

(a) 대상유역 Ⅰ   (b) 대상유역 Ⅱ

<그림 3.23> 유출수문곡선(재현기간 10년, 지속시간 5분)

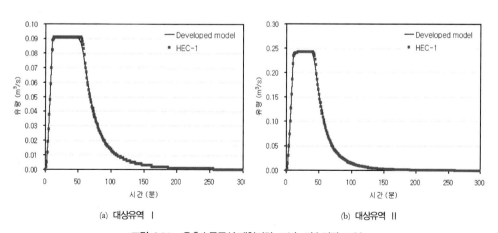

(a) 대상유역 Ⅰ   (b) 대상유역 Ⅱ

<그림 3.24> 유출수문곡선(재현기간 10년, 지속시간 10분)

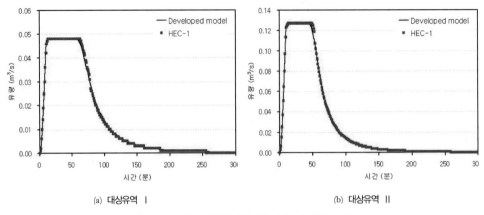

(a) 대상유역 Ⅰ   (b) 대상유역 Ⅱ

<그림 3.25> 유출수문곡선(재현기간 2년, 지속시간 10분)

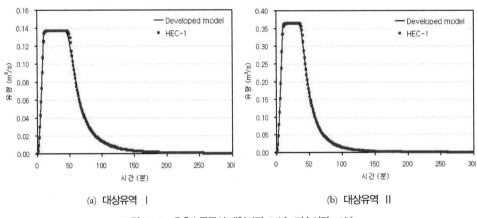

(a) 대상유역 Ⅰ   (b) 대상유역 Ⅱ

<그림 3.26> 유출수문곡선(재현기간 50년, 지속시간 10분)

유역 유출구(주수로요소의 유출구)에서 산정한 유출유량의 첨두유량(m^3/s), 총 유출유량의 체적(mm) 및 도달시간(min)은 <표 3.10>에 제시하였다. 이에 대응하여 각 유역의 지표요소로부터 유출되어 주수로요소로 유입되는 단위폭당 유량의 첨두유량(m^3/s/m), 총 유출유량의 체적(mm) 및 도달시간(min)은 <표 3.11>에 제시하였다.

<표 3.10> 유출 모의 결과(유역 유출구, 주수로요소)

대상유역	강우사상	첨두유량(m^3/s)		도달시간(분)		총 유출유량체적(mm)	
		표면 박류 유출 모형	HEC-1	표면 박류 유출 모형	HEC-1	표면 박류 유출 모형	HEC-1
I	I	0.0471	0.05	9.73	6.46	12.56	12.56
	II	0.0643	0.06	11.97	12.28	15.68	15.68
	III	0.0479	0.05	17.47	18.12	12.71	12.70
	IV	0.0909	0.09	16.25	17.19	20.07	20.05
	V	0.1366	0.14	15.55	16.40	26.84	26.83
II	I	0.1250	0.13	9.73	6.31	12.56	12.60
	II	0.1707	0.17	11.98	12.27	15.68	15.71
	III	0.1271	0.13	17.48	18.47	12.76	12.75
	IV	0.2414	0.24	16.25	18.37	20.12	20.10
	V	0.3629	0.36	15.55	16.66	26.89	26.87

<표 3.11> 유출 모의 결과(지표요소)

대상유역	강우사상	첨두유량(m^3/s/m)		도달시간(분)		총 유출유량체적(mm)	
		표면 박류 유출 모형	HEC-1	표면 박류 유출 모형	HEC-1	표면 박류 유출 모형	HEC-1
I	I	2.100	2.11	1.38	1.32	12.65	12.65
	II	1.050	1.05	1.81	1.71	15.78	15.78
	III	0.426	0.43	2.55	2.56	12.81	12.80
	IV	0.672	0.67	2.14	2.17	20.17	20.16
	V	0.898	0.90	1.93	1.90	26.94	26.94
II	I	2.100	2.11	1.38	1.32	12.65	12.65
	II	1.050	1.05	1.81	1.71	15.78	15.78
	III	0.426	0.43	2.55	2.56	12.81	12.80
	IV	0.672	0.67	2.14	2.17	20.17	20.16
	V	0.898	0.90	1.93	1.90	26.94	26.94

각 산정 결과는 대상유역별, 강우사상별로 구분하여 제시하였으며, <표 3.10>과 <표 3.11>로부터 표면 박류 유출 모형으로 모의한 첨두유량과 총 유출유량의 체적은 대상유역의 면적 및 강우사상에 상관없이 HEC-1 모형과 거의 유사함을 알 수 있다. 지표요소에서 주수로요소로 유입되기 전까지의 도달시간은 두 모형이 유사하게 산정하였으나, 지표요소와 주수로요소에 대한 유출 모의 후에 얻게 되는 도달시간의 차이는 다소 커졌다. 특히, 지속시간이 짧아 강우사상이 큰 강우사상 Ⅰ(2분 지속시간의 379.82㎜/hr)에 대한 도달시간은 표면 박류 유출 모형이 HEC-1 모형보다 크게 산정되었으며 그 오차도

다른 경우보다 큰 것으로 계산되었다. 도로배수유역처럼 지속시간이 짧은 경우, 유출은 작은 시간간격으로 모의하는 것이 유리하며 수립된 표면 박류 유출 모형은 이러한 목적에 적절하다고 판단된다.

나. Volume Conservation 검토

수문순환은 수문학의 가장 기본적인 원리로서 강수, 유출 및 증발의 물을 수송하는 중요한 과정에 의하여 연속적으로 이루어진다. 이러한 물의 순환은 시작과 끝이 없으며 어떤 시스템이 닫힌계라면 시스템의 물의 총량은 보존된다. 본 연구에서 수립한 단일사상 강우-유출 모형인 표면 박류 유출 모형은 지표 흐름을 모의하는 것으로서 지표에 떨어진 강수를 운동파 기법을 이용하여 직접 유출로 변환시킨다. 강우가 발생한 후 어떤 시각에서 물은 지표에 저류되거나 유출된다. 유역으로 유입된 강우가 모두 유출되었다면 강우량의 총량과 유출량의 총량은 동일하여야 한다. 수립된 표면 박류 유출 모형으로 유출을 모의하는 과정에서 이러한 질량이 보존되고 있는가를 파악하기 위하여, 입력변수로 유입된 강우체적이 강우 발생시각으로부터 많은 시간이 흐른 뒤에 산정한 유출체적과 동일한가를 조사하였다.

고려하고 있는 대상유역은 지표요소와 주수로요소로 구성되며, 지표요소로부터 유출되는 유량은 주수로요소로 유입되는 단위폭당 유량, 대상유역으로부터 유출되는 유량은 유역 유출구인 주수로요소의 유출구 유량으로 산정한다. 이때 유출체적은 유출량을 그 유출량에 기여하는 유역의 면적으로 나누어 산정한다. 본 연구에서 고려한 대상유역 Ⅰ과 대상유역 Ⅱ를 구성하고 있는 지표요소와 주수로요소의 특성은 동일하므로 각 구성요소에 해당하는 유출량을 산정하여 유출체적을 산정하고 강우체적과 비교하였다. <그림 3.27>은 본 연구에서 고려한 5가지 강우사상의 강우체적에 대하여 유출체적을 비교한 것으로 지표요소 및 주수로요소에 대하여 선형회귀식의 기울기는 거의 1.0으로서 두 값이 거의 일치함을 알 수 있다.

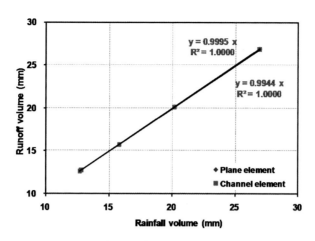

<그림 3.27> Volume Conservation

(2) 임계지속기간 개념 반영

주어진 강우사상에 의하여 발생하는 표면 박류 유출을 모의하는 모형을 검증하였으며, 이 모형을 기반으로 최대 홍수량이 발생하는 도달시간을 산정하여 설계 홍수량을 결정할 수 있도록 임계지속시간의 개념을 반영하여 모형을 수정하였다. 수정된 모형에서는 우선 강우 지속시간을 가정하여 입력변수로 주어진 강우강도식을 이용하여 강우강도를 산정하고, 그에 의하여 발생하는 홍수량을 모의하고 도달시간을 산정한다. 만약 산정한 도달시간이 가정한 지속시간과 동일하다면 그때의 강우강도 및 홍수량을 설계 강우강도 및 설계홍수량으로 결정하고, 그렇지 않은 경우 위의 과정을 반복한다.

이와 같이 지속시간 및 도달시간이 변수인 표면 박류 유출 모형은 모형의 검증 과정에서 사용된 두 대상유역(<그림 3.21> 참고)에 적용하였으며, 이때 분 단위 강우강도식으로는 기 개발된 서울지점의 Japanese 강우강도식을 이용하였다(<표 3.12> 참고).

<표 3.12> 분 단위 강우강도식(재현기간 10년)

강우강도식 유형	Japanese($I = \dfrac{a}{\sqrt{t}+b}$)
a	310.773
b	-0.596

설계 결과는 <그림 3.28>에 제시하였으며, 두 유역에 대한 유출수문곡선은 임계지속시간을 시산적으로 결정하여 산정된 것으로서 강우 지속시간이 도달시간과 유사하게 결정되므로 유출수문곡선은 첨두유량이 발생한 후에 바로 감쇠하는 모양을 가지게 된다.

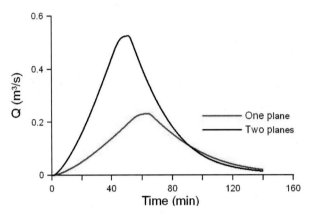

<그림 3.28> 임계지속시간 개념을 반영한 표면 박류 유출 모형의 적용 결과

<표 3.13>은 각 대상유역에 대하여 결정된 강우강도, 첨두유량, 지속시간 및 도달시간을 제시한 것으로서 지속시간과 도달시간이 동일하게 결정되었음을 알 수 있다. 향후 본 연구에서 수립된 표면 박류 유출 모형은 다양한 도로배수시설의 배수유역에 대한 설계 홍수량을 결정하는 데 활용될 것이다.

<표 3.13> 임계지속시간 개념을 반영한 표면 박류 유출 모형의 적용 결과

대상유역	주수로요소	지표요소	강우강도 (mm/hr)	첨두유량 (m^3/s)	지속시간 (min)	도달시간 (min)
I	1	1	41.84	0.2321	64.39	64.38
II	1	2	47.37	0.5256	51.22	51.22

(3) 강우-유출 모형의 입력변수 조정

분 단위 강우강도식은 Talbot형, Sherman형, Japanese형, Semi-log형에 대하여 지속시간 및 재현기간별로 유도되었다. 지속시간은 4분 이하의 단기간, 4분 이상의 장기간으로 구분하여 유도되었다. 그러므로 설계홍수량 및 설계 강우강도는 가정된 지속시간 및 산정된 도달시간이 단·장기간인지에 따라 다른 계수 값의 강우강도식을 이용하여 결정하여야 한다. 이를 고려하여 기 개발된 표면 박류 유출 모형을 수정하였다.

설계홍수량을 산정하기 위하여 표면 박류 유출 모형을 적용하는 데 있어서 요구되는 입력변수는 <표 3.14>에 제시하였으며 이를 결정하는 데 필요한 자료 및 출처를 함께 제시하였다. 수집된 자료만으로 결정될 수 없는 경우에는 우선 임의로 가정하도록 하였다.

<표 3.14> 표면 박류 유출 모형의 입력변수

입력변수		적용 예	산정방법	비고
강우강도식 유형		TALBOT	결정계수가 높은 분 단위 강우강도식 유형 결정	분 단위 강우강도식 표
변수 a(단기간)		1654.189	표에서 선택	
변수 b(단기간)		1.553	표에서 선택	
변수 a(장기간)		2748.72	표에서 선택	
변수 b(장기간)		4.9844	표에서 선택	
지표요소 개수		2	지표요소를 하나 또는 둘로 가정할 수 있음	-
지표요소	흐름 모의 시간	60	사용자가 설정	-
지표요소 1	길이	35.09	유역면적/유달거리/2	수리계산서
	경사	0.279614	표고차/유달거리	수리계산서
	조도계수	0.07	가정	-
지표요소 2	길이	35.09	유역면적/유달거리/2	수리계산서
	경사	0.279614	표고차/유달거리	수리계산서
	조도계수	0.07	가정	-
주수로요소	흐름 모의 시간	300	사용자가 설정	-
	길이	285	유달거리	수리계산서
	경사	0.279614	표고차/유달거리	수리계산서
	조도계수	0.05	가정	-
	단면형상	TRAP	가정	-
	단면 폭	4	가정	-
	측면경사	2	가정	-

4. 노면배수시설 설계 전산 모형 개발

1) 선형 배수로에 대한 부등류 해석 모형

(1) 양단에 유출구를 갖는 선형 배수로

등류 해석을 기반으로 한 배수시설의 설계는 과대설계가 되는 경향이 있으므로 합리적인 배수시설의 설계를 위하여 부등류 해석을 기반으로 하는 흐름 해석 모형이 요구된다. 노면에 내리는 우수의 배수를 위한 수로는 양단에 유출구를 갖는 선형 배수로(linear drainage channel)로서, 연속적으로 유입되는 횡유입량에 의하여 유량이 선형적으로 증가한다(<그림 3.29> 참고). 본 연구에서는 이러한 선형 배수로의 흐름 해석을 위한 전산 모형을 수립하고, 임의의 선형 배수로에 적용하여 수로 내 흐름 형태 및 수로 내에서 발생하는 최대 수심을 조사하였다.

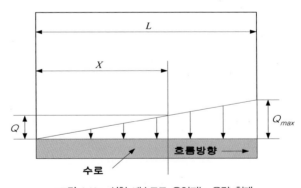

<그림 3.29> 선형 배수로로 유입되는 유량 형태

<그림 3.30>은 수로의 양단에 유출구를 갖는 선형 배수로 내의 일반적인 흐름 형태를 나타낸다. 여기서 O지점은 분수계(water dividend)를 의미하며, 이를 기준으로 상류 측

에서 유입된 유량(Q_A)은 상류단(A지점)을 통하여, 하류 측에서 유입된 유량(Q_B)은 하류단(B지점)을 통하여 유출된다. 이러한 선형 배수로의 종단경사가 영이라면 수면곡선은 수로 중앙에 위치한 분수계를 중심으로 좌우 대칭이 되며 최대 수심은 수로 중앙에서 발생한다. 그러나 종단경사가 커짐에 따라 하류 측 유출구를 통하여 유출되는 수량이 증가하게 되고, 분수계는 수로 중앙보다 상류단 쪽으로, 최대 수심 발생지점은 하류단 쪽으로 이동하게 된다.

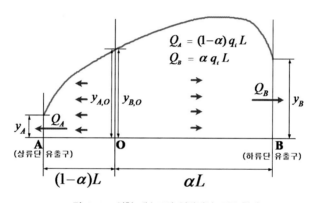

<**그림** 3.30> 선형 배수로의 일반적인 흐름 형태

(2) 지배단면의 위치와 경사

하류단에 하나의 유출구를 갖는 선형 배수로의 부등류 흐름 해석에서 수로로 유입되는 측면유량 및 수로 형상 등의 조건이 일정하다면, 지배단면이 발생하는 위치는 수로의 종방향 경사에 따라 달라진다. 종단경사가 임계경사보다 커지면 지배단면은 더 이상 수로 끝단에서 발생하지 않고 수로 내에서 발생하게 된다. 그러므로 이러한 임계경사를 미리 산정하여 지배단면의 위치를 확인할 필요가 있다. 임계경사는 다음과 같이 임의의 지점(x)이 지배단면이 되도록 하는 종단경사(S_0)를 산정하여 결정할 수 있다.

수로의 어떤 임의의 지점(x)에서 한계수심이 발생한다고 가정하면, 그 지점은 x_c로 나타낼 수 있으며, 선형 배수로 흐름에 대한 지배 방정식인 식 3.4는 영이 된다. 이는 식 3.5로 나타낼 수 있다.

$$\frac{dy}{dx} = \frac{S_o - S_f - (2Q/gA^2)(dQ/dx)}{1 - (Q^2/gA^2D)} \tag{3.4}$$

여기서 Q는 유량, y는 수심, A는 통수단면적, D는 평균수심, S_o는 수로 종단경사, g는 중력가속도이며, x는 종방향 위치를 나타내는 변수이다.

$$S_{o,x} - S_{f,x} = \frac{2Q(dQ/dx)}{gA^2} \tag{3.5}$$

선형 배수로에서 유량은 x가 증가함에 따라 선형적으로 증가하며, 상류단 지점($x=0$인 지점)에서 측면에서 유입되는 유량은 없으므로 식 3.6이 성립한다.

$$\frac{dQ}{dx} = \frac{Q}{x} = q_i \tag{3.6}$$

식 3.6과 x지점의 수심이 한계수심임을 이용하여 식 3.5를 정리하면 식 3.7을 얻을 수 있고, 이때 마찰경사는 식 3.8로 나타낼 수 있다.

$$S_{o,x} = S_{f,x} + 2\frac{D_{c,x}}{x} \tag{3.7}$$

$$S_{f,x} = \frac{n^2 g D_{c,x}}{R_{c,x}^{4/3}} \tag{3.8}$$

여기서 아래첨자 x는 어떤 지점에서 한계수심이 발생할 경우를 의미하며, $S_{o,x}$는 어떤 지점 x에서 한계수심이 발생하는 데 요구되는 종단경사, $S_{f,x}$는 그때의 마찰경사를 나타낸다.

즉, 어떤 지점(x)과 그 지점을 지배단면으로 만드는 수로경사($S_{o,x}$)와의 관계로부터 주어진 수로 길이에 대하여 그 수로의 하류단을 지배단면으로 만드는 임계경사를 결정할 수 있다. 양단에 유출구를 가지는 수로의 경우, 분수계를 기준으로 하류 측의 수로(분수계 지점에서 하류단 사이의 수로)를 하류단에 하나의 유출구를 가지는 수로로 가정하여 종단경사와 지배단면의 위치의 관계를 조사할 수 있다. 양단에 유출구를 가지는 수로가 수평(종단경사가 0)으로 설치되면 분수계는 수로 중앙에 위치하므로 하류 측의 수로 길이는 전체 수로의 반이 된다. 이때 하류 측의 수로와 같은 수로 길이로 가지는 하류단에 유출구를 갖는 수로에 대한 해석을 통하여, 하류단을 지배단면으로 만드는 임계경사를 산정할 수 있다.

(3) 흐름 계산모형

단면형과 종단경사가 일정한 선형 배수로 흐름에 대한 지배 방정식은 운동량 보존법 칙으로부터 다음과 같은 미분방정식의 형태로 나타낼 수 있다.

$$\frac{dy}{dx} = \frac{S_o - S_f - (2Q/gA^2)(dQ/dx)}{1 - (Q^2/gA^2 D)} \tag{3.4}$$

여기서 Q는 유량, y는 수심, A는 통수단면적, D는 평균수심, S_o는 수로 종단경사, g는 중력가속도이며, x는 종방향 위치를 나타내는 변수이다. S_f는 마찰경사로서 Manning의 식으로부터 다음과 같이 나타낼 수 있다.

$$S_f = \frac{n^2 Q^2}{A^2 R^{4/3}} \tag{3.9}$$

여기서 n은 Manning의 조도계수이고 R은 동수반경이다. 식 3.4와 3.9에서 유량과 유량의 공간변화율은 기지의 값이고, 통수단면적, 평균수심 및 동수반경은 수심의 함수이 므로, 식 3.4는 수심에 관한 1계 상미분 방정식으로서 지배단면에서의 수심을 경계조건 으로 하여 상미분 방정식에 대한 전형적인 수치해법인 4계의 Runge-Kutta 방법에 의하 여 각 지점에서의 수심을 계산할 수 있다(4).

선형 배수로 흐름에 대한 지배 방정식으로서 다음 식 3.10과 같은 유한 차분 형태의 대수방정식을 사용할 수도 있다.

$$\frac{1}{g}\left(Q_2 V_2 - Q_1 V_1\right) - \frac{1}{2} S_o\left(A_1 + A_2\right) dx$$

$$+ \frac{1}{2}\left(A_1 S_{f1} + A_2 S_{f2}\right) dx + \frac{1}{2}\left(A_1 + A_2\right)\left(y_2 - y_1\right) = 0 \tag{3.10}$$

여기서 dx는 지점 1과 2 사이의 거리이며, V는 단면평균 유속이다. 아래첨자가 1인 변수들은 기지의 값을 의미하며, 아래첨자 2인 변수들은 모두 수심의 함수로서 표현이 가능하다. 따라서 식 3.10은 y2에 대한 비선형 방정식이 되며, Newton-Raphson 방법에 의하여 해를 구할 수 있다(1, 4). 수로 내 각 지점에서의 수심은 지배단면의 수심을 기지의 값으로 하여 식 3.10을 축차적으로 풀어서 계산할 수 있다.

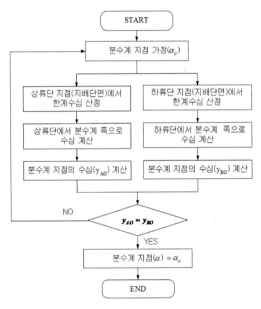

<그림 3.31> 선형 배수로 흐름 계산순서

본 연구에서는 상류단 및 하류단의 유출구가 지배단면인 수로만을 고려하여 흐름 해석 모형이 수립되었다(<그림 3.30> 참고). 이러한 수로에 대한 흐름 해석 과정은 <그림 3.31>과 같다. 우선 분수계의 위치를 나타내는 α의 값을 가정하여 한계수심을 갖는 수로의 양단으로부터 분수계까지의 수심을 각각 계산하고, 이때 상류단으로부터 축차적으로 계산된 가정의 분수계 지점의 수심(y_AO)이 하류단으로부터 축차적으로 계산된 가정

의 분수계 지점의 수심(y_{BO})과 일치하면 흐름 계산이 종료된다. 그렇지 않은 경우, α의 값을 다시 가정하여 선형 배수로에 대한 부등류 계산을 반복한다.

(4) 모형의 적용

양단에 유출구를 가지는 선형 배수로의 흐름 해석 모형을 적용하기 위하여, 수로 흐름에 기여하는 측면 유입량(q_i)이 $0.4444 \times 10^{-3} m^2/s$이고 <표 3.15>와 같은 특성을 가진 수로를 설정하였다. 이러한 수로에 대하여 다양한 종단경사를 고려하여 흐름 해석을 수행하였다. 본 모형은 수로 양단이 지배단면이 되는 경우만을 고려하였으므로, 모형은 이를 만족시키는 임계경사보다 작은 경사의 수로에 대해서만 적용할 수 있다. 그러므로 흐름 해석 전에 임계경사를 조사할 필요가 있으며 이를 위하여 <표 3.15>의 특성을 가지는 하류단 지점에 하나의 유출구를 갖는 수로를 고려하였다. 위의 절에서 논의된 방법을 이용하여 지배단면의 위치에 따른 종단경사를 조사한 결과는 <그림 3.32>와 같다. 하류단에 하나의 유출구를 가지는 50m의 수로는 약 1.23% 이하의 종단경사로 설치될 경우 지배단면이 하류단에서 발생하며, 그 이상의 경사로 설치될 경우 지배단면이 수로 내로 이동하는 것으로 나타났다. 따라서 동일한 특성을 가지는 양단에 유출구를 갖는 수로에 대한 흐름 분석을 1.23% 이하의 종단경사에 대해서 수행한다면, 지배단면은 수로 양단이 되며 <그림 3.31>의 해석과정에 따라 흐름 해석을 수행할 수 있다.

<표 3.15> 선형 배수로 흐름 해석에 사용된 수로의 특성

수로 길이(L, m)	조도계수(n)	단면 바닥 폭(m)	단면의 옆면경사($1:Z_1$)	단면의 옆면경사($1:Z_2$)
50	0.015	0.15	1:0.5	1:0.5

이러한 조건하에서 수로 양단에 유출구를 갖는 수로에 대한 흐름 해석을 수행한 결과로서 <그림 3.33>에 수심분포, <그림 3.34>에 수위분포, <그림 3.35>에 Froude 수의 분포를 나타내었으며, 종단경사가 0.0%인 경우 분수계는 수로 중앙에 위치하게 되므로 α는 0.5가 되었으며, 수면곡선은 이 지점을 중심으로 좌우대칭이 되었다. 이때 상류단과 하류단의 지배단면에서의 한계수심은 75.43mm로 산정되었다. 종단경사가 증가할수록 최대 수심이 발생하는 지점은 하류단 측으로 이동하고, 최대 수위가 발생하는 지점과

Froude 수가 0이 되는 지점은 상류단 측으로 이동함을 확인할 수 있었다. 수로 양단에 한계수심이 발생하는 경우만을 고려하였으므로 모든 경우에 대한 Froude 수는 양단 유출구에서 1, 분수계 지점에서 0으로 산정되었다.

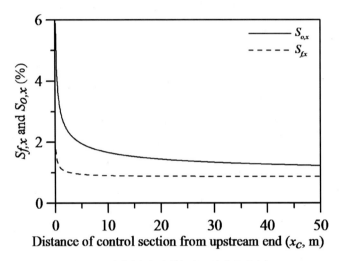

<그림 3.32> 지배단면의 위치에 따른 임계 종단경사(S_o,x)
및 마찰경사(S_f,x)

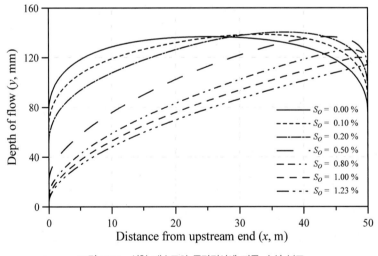

<그림 3.33> 선형 배수로의 종단경사에 따른 수심 분포

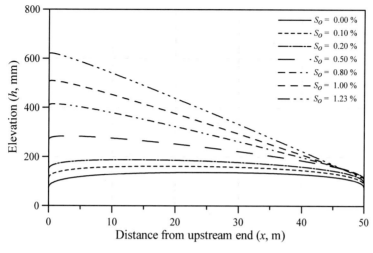

<그림 3.34> 선형 배수로의 종단경사에 따른 수위 분포

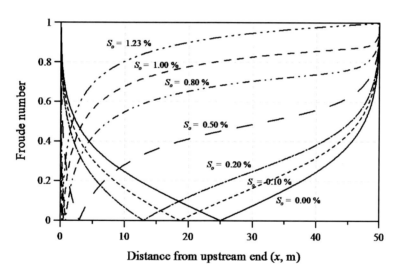

<그림 3.35> 선형 배수로의 종단경사에 따른 Froude 수 분포

분수계의 위치, 유입된 유량이 상류단과 하류단 측으로 유출되는 수량의 비율을 나타
내는 α는 종단경사가 커질수록 증가한다. 여기서 고려된 수로가 1.23%의 종단경사로
설치되면 α는 거의 1이 되며, 이는 수로로 유입된 유량이 거의 하류단을 통하여 유출됨
을 나타낸다(<그림 3.36> 참고). 그러므로 이보다 더 큰 종단경사로 설치되는 경우, 양
단 유출구를 가지는 선형 배수로는 하류단에 하나의 유출구를 가지는 선형 배수로처럼
거동할 것이다. 이러한 현상을 확인하기 위하여, <표 3.14>와 동일한 특성을 가지면서

하류단에 하나의 유출구를 가지는 선형 배수로에 대한 부등류 흐름 해석을 수행하였다. 하류단에 하나의 유출구를 가지는 선형 배수로에서는 모든 유입된 유량이 하류단으로 유출되므로 분수계의 위치를 고려할 필요가 없이, 지배단면인 하류단으로부터 상류 방향으로 축차적으로 수심을 산정하면 된다. 두 수로에 대한 거동을 비교하기 위하여, 종단경사의 변화에 따른 최대 수심의 변화를 조사하였다(<그림 3.37> 참고).

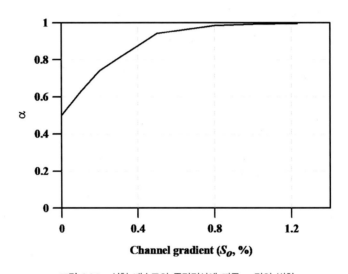

<그림 3.36> 선형 배수로의 종단경사에 따른 α 값의 변화

하류단에 하나의 유출구를 갖는 수로는 종단경사가 커질수록 최대 수심은 일관적으로 감소하였으나, 양단에 유출구를 갖는 수로에서 최대 수심은 다소 증가하였다가 감소하는 추세를 나타냈다. 수로경사가 낮을수록 두 수로에서 발생하는 최대 수심의 차는 증가하지만, 수로경사가 커질수록 그 차이는 감소하며 1.23%의 종단경사에 대해서 거의 일치하였다. 그러므로 임계경사 이상의 경사로 설치된 양단에 유출구를 가지는 수로는 분수계를 결정하는 복잡한 과정을 생략하고 하류단에 유출구를 가지는 수로처럼 흐름 해석을 수행하는 것이 합리적이라 판단된다.

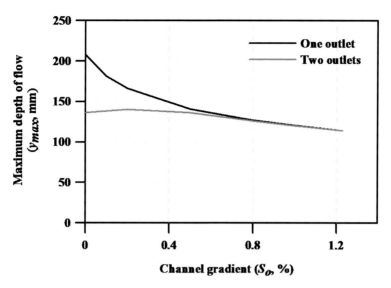

<그림 3.37> 선형 배수로의 종단경사에 따른 최대 수심의 변화

2) 노면배수시설 설계를 위한 전산 모형의 개발

(1) 노면배수시설 체계 및 설계방향

노면배수시설은 도로부지 내(노면 및 비탈면)에 강우에 의해 발생한 우수를 원활히 배제하기 위해 설치한다. <그림 3.38>은 전형적인 노면배수 체계를 나타내고 있다. 횡단경사를 두어 설치된 노면상의 물은 수로(다이크 측구)로 유도되고, 그 유량은 수로의 통수능을 초과하지 않도록 하는 간격으로 설치된 유출구(outlet)를 통하여 배수된다. 이때 유출구 사이의 간격(outlet spacing)이 노면배수의 설계변수가 되며, 수로는 상류단과 하류단에 각각 한 개씩의 유출구를 갖는 선형 배수로가 된다.

현재 노면배수시설은 등류 해석을 기반으로 설계되고 있으며, 등류 해석을 기반으로 한 경우 모든 배수시설물은 최대 유량을 기준으로 설계되도록 하고 있어 과대설계가 되는 경향이 있다. 그러나 노면배수시설의 수로에서의 흐름은 유량이 연속적으로 증가하는 부등류이다. 이러한 부등류 흐름 해석은 유량이 일정한 흐름에 대한 등류 해석에 비하여 매우 복잡하기 때문에 이에 기초한 노면배수 설계는 실용화되어 있지 않은 실정이다(6). 반면, 부등류 해석 이론은 그러한 설계가 가능할 만큼 충분히 연구되어 있다(3-4). 이에 본 연구에서는 부등류 기반의 노면배수시설의 설계기법을 개발하고 등류 기반의 설계 결과와 비교하였다.

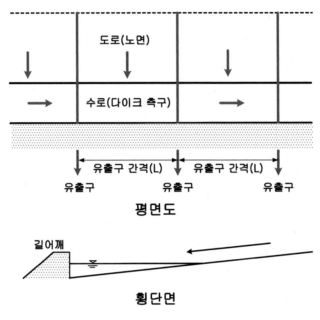

<그림 3.38> 노면배수시설 체계에 대한 모식도

　아울러 외국의 경우 설계홍수량 산정에 있어서 지속시간을 미지의 변수로 두고 시산법적 반복과정에 의하여 설계홍수량을 산정한다. 홍수 도달시간이 설계 강우의 지속시간을 결정하는 요소임을 감안한다면 이는 당연하고도 합리적인 수문설계의 과정이라 할 수 있다. 그러나 현재 설계 지침상의 설계홍수량 산정과정에는 강우지속기간의 결정에 관한 내용이 전혀 언급되지 않고 있다. 즉, 최대 유량을 초래하는 임계지속시간의 개념이 반영되어 있지 않다. 그러므로 강우의 지속시간을 설계변수로 도입하고 시산적으로 결정할 필요가 있다(18). 이에 부등류 해석을 기반으로 하는 노면배수시설 설계 모형을 수립하고 하나의 노면배수시설 체계를 설정하여 등류 해석을 기반으로 한 설계 결과와 비교하였다.

(2) 설계 절차

　강우의 지속시간을 설계변수로 고려한 노면배수시설의 설계 절차는 <그림 3.39>와 같은데, 여기서 설계 변수는 유출구 간격(수로 길이, L)이며, 이를 결정하기 위해서 우선

지속시간(T)을 가정하여 강우강도공식 등을 이용하여 설계 강우(I)를 산정하고, 유출구 간격을 가정하여야 한다. 그러면 산정된 호우에 응답하여 발생하는 노면 박류 흐름 (surface sheet flow)의 유달시간(Ts)과 수로로 유입된 유량이 수로(channel)의 유출구로 유출되기까지 걸리는 유하시간(Tc)을 산정한 다음, 노면과 수로 흐름에서의 총 도달시간 (Ts+Tc)이 가정된 지속시간(T)과 유사하다면, 산정된 최대 수심 발생 지점에서의 통수 능이 수로의 통수능을 초과하는지를 확인하는 과정을 통하여 유출구 간격을 시산적으로 결정할 수 있다. 노면배수와 같이 강우의 지속시간이 매우 짧은 경우, 지속시간에 따른 강우강도의 결정을 위해서는 분 단위 강우강도식이 요구되기에 본 연구를 통해 개발된 분 단위 강우강도식을 활용하였다. 노면 박류 흐름에 대한 유달시간은 외국에서 개발된 각종 도달시간 공식들(Rziha 공식, Kerby 공식, 운동파 공식 등)을 이용하여 계산할 수 있으며, 유하시간은 선형 배수로 흐름의 등류 혹은 부등류 해석을 기반으로 산정할 수 있다. 본 연구에서 사용한 유달시간은 운동파 공식을 이용하여 산정하였고, 유하시간은 다음에서 설명하는 것과 같이 등류 및 부등류 해석을 기반으로 한 모형을 수립하여 두 설계 결과를 비교하였다.

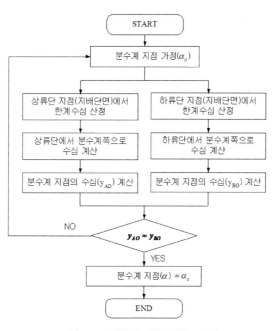

<그림 3.39> 강우의 지속시간을 고려한
노면배수시설의 설계 흐름도

- 등류 해석을 기반으로 한 설계절차

등류 해석에 의거할 경우, 주어진 지속시간으로 산정된 설계 강우에 대한 유출구 간격은 시산적인 과정 없이 결정된다(<그림 3.40> 참고). 주어진 수로의 단면형상 및 허용수심(y_d)에 대하여 허용단면적(A)을 산정하고, 식 3-11 Manning의 평균 유속 공식을 이용하여 유량(Q)을 계산할 수 있다. 이때 유출구 간격(Lc)은 그 유량을 강우강도(I)와 수로 흐름에 기여하는 도로의 한 방향 폭(W)을 나누어 산정할 수 있다.

$$V \ = \ \frac{1}{n}R^{2/3}S_o^{1/2} \tag{3.11}$$

여기서 V는 단면 평균유속(m/s), n은 Manning의 조도계수, R은 동수반경, So는 수로의 종단경사이다.

- 부등류 해석을 기반으로 한 설계절차

부등류 해석에 의거한 노면배수시설 산정절차는 <그림 3.41>에 나타내었다. 부등류 해석에 의거하여 유출구 간격을 결정하기 위해서는 앞서 논의한 선형 배수로에 대한 흐름 해석을 이용하여야 한다. 본 연구에서는 실용적인 측면을 고려하여 수로 양단이 지배단면이 되는 수로만을 고려하였으므로, 시산적인 설계과정에서 가정되는 유출구 간격에 대하여 수로 양단이 지배단면이 되는지를 확인할 필요가 있다. 그러므로 앞서 언급한 바와 같이 임의 지점이 지배단면이 되도록 만족시키는 임계 종단경사를 조사함으로써, 주어진 강우 및 수로 조건에서 수로 길이의 최대 한계 값(L_{max})을 설정하여 설계과정에서 반복적으로 가정되는 유출구 간격이 이보다 크지 않도록 한정하였다.

주어진 조건하에서 유출구 간격을 결정하기 위하여 우선 유출구 간격(수로 길이)을 가정하고, 양단에 유출구를 갖는 선형 배수로의 흐름 해석 과정을 통하여 수심을 산정한다. 양단에 유출구를 갖는 수로의 경우 흐름은 상류단 및 하류단 방향으로 흐름이 동시에 발생하고, 종단경사가 커질수록 하류단을 통하여 유출되는 유량이 증가하므로, 수로로 유입된 유량이 수로의 유출구로 유출되기까지 걸리는 유하시간은 분수계 지점과 하류단 지점 사이의 수로만을 고려하여 산정할 수 있다. 분수계를 기준으로 하류 쪽에서 발생하는 흐름에 대하여 각 계산격자 사이의 길이와 유속을 이용하여 격자 사이를 이동하는 데 소요되는 유하시간(dt)을 산정할 수 있으며, 총 유하시간(Tc)은 이를 합산하여 계산할 수 있다.

선형 배수로에 대한 흐름 해석이 완료되면, 수로 내에 발생하는 최대 수심(y_{max})이 주어진 허용수심(y_d)과 유사하면 주어진 설계 강우에 대한 유출구 간격 결정을 완료하고, 유사하지 않다면 수로 길이를 다시 가정하여 위의 과정을 반복하여야 한다.

(3) 모형의 적용

모형의 설계 결과를 검토하기 위하여 <그림 3.42>와 같은 임의의 노면배수시설 체계를 설정하고, 등류 및 부등류 해석을 기반으로 한 설계 결과를 비교하였다. 아울러 수로의 종단경사에 따른 변화도 살펴보았다. 여기서 노면 박류 흐름에 대한 유달시간(Ts)은

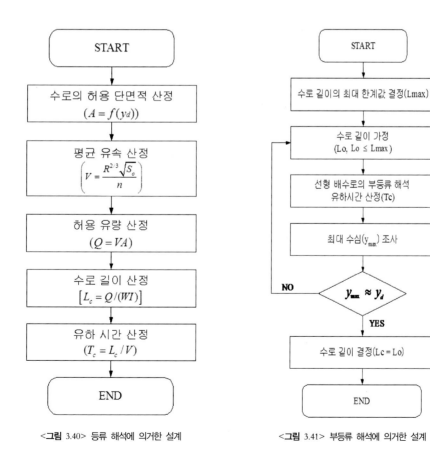

<그림 3.40> 등류 해석에 의거한 설계   <그림 3.41> 부등류 해석에 의거한 설계

운동파 모형을 이용하여 산정하였으며, 수로의 종단경사는 0~1.5%로 설정하여 설계 모형을 적용하였다.

등류 및 부등류 해석을 기반으로 한 설계 결과는 <그림 3.43>에서 <그림 3.49>까지 제시하였다. 강우의 지속시간을 고려하여 노면배수시설을 설계하는 경우, 유출구 간격은 가정된 지속시간이 홍수 도달시간과 일치할 때까지 시산적인 방법으로 결정한다. 그러나 등류 해석을 이용한 결과 강우강도는 종단경사에 상관없이 일정한 것으로 나타났다 (<그림 3.43> 참고).

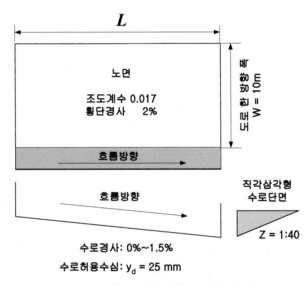

<그림 3.42> 모형의 적용을 위한 노면배수시설 체계

운동파 방정식에 근거하여 산정하는 유달시간(Ts)은 노면의 조도계수(n), 횡단경사 (Sc), 도로 한 방향 폭(W), 설계 강우강도(I)의 함수이다. 강우강도 이외의 다른 변수는 모두 주어지는 값이며, 강우강도 역시 일정하므로 유달시간은 종단경사 변화에 상관없이 일정하였다(<그림 3.44> 참고). 유하시간(Tc)은 수로의 단면적(A), 도로 한 방향 폭 (W)과 설계 강우강도(I)의 함수로서, 도로 한 방향 폭(W)은 주어진 값으로 일정하고, 수로의 단면적(A) 역시 주어진 허용수심(y_d)과 주어진 수로의 단면형상을 이용하여 산정하므로, 이 두 변수는 수로 종단경사에 상관없이 일정하다. 따라서 유하시간은 설계 강우강도의 함수이지만, 해석 결과 강우강도가 종단경사에 상관없이 일정하므로 유하시간 역시 일정하게 산정되었다(<그림 3.45> 참고). 단, 종단경사는 수로 흐름의 평균유속 산

정에 영향을 미치며 이에 따라 유출유량 및 유출구 간격이 달라진다(<그림 3.46>과 <그림 3.47> 참고). 종단경사가 커질수록 평균유속은 증가하므로 이에 따라 유출유량 및 유출구 간격은 일관적으로 증가하였다. 단, 식 3.11에서 수로의 종단경사가 0인 경우 평균유속은 0이 되므로, 이러한 경우 등류 해석을 기반으로 한 유출구 간격의 설계는 불가능하다.

등류 해석과 달리 부등류로 해석한 결과, 종단경사는 설계 강우강도의 결정에 영향을 미쳤으며 종단경사가 커짐에 따라 설계 강우강도도 증가하였다(<그림 3.43> 참고). 강우강도가 증가함에 따라 노면 위의 유량이 수로로 유입되는 데 걸리는 시간인 유달시간(T_s)과 수로 유출구로 유출되는 데까지 걸리는 유하시간(T_c)도 감소하였다(<그림 3.44>~<그림 3.46> 참고). 유출유량은 종단경사가 커질수록 다소 감소하다가 증가하였으며, 유출구 간격 역시 이와 유사한 경향을 나타내었다. <그림 3.41>의 설계과정에서 최대 수심은 유출구 간격을 결정하는 데 중요한 판단변수가 되며, 최대 수심이 커진다면 유출구 간격은 작아짐을 예상할 수 있다. 양단에 유출구를 가지는 선형 배수로 해석 결과에서 나타난 것처럼, 종단경사가 커질수록 수로 내에서 발생하는 최대 수심은 다소 증가하다가 감소하는 경향을 갖는다(<그림 3.37> 참고). <그림 3.37>에서 고려한 수로와 노면배수시설 설계에 이용된 수로의 단면형상은 동일하지 않지만 이러한 경향은 일치하므로, <그림 3.48>과 같은 유출구 간격의 변화를 이해할 수 있다. 설계과정에서 양단에 유출구를 가지는 선형 배수로의 부등류 흐름 해석 과정이 수행되므로, 수로로 유입된 유량의 수량이 상류단 및 하류단으로 분배되는 비율을 알아보기 위하여 분수계의 위치를 나타내는 α값을 조사하였다(<그림 3.49> 참고). 예상대로 수로의 종단경사가 커질수록 α는 증가하였으며, 하류단을 통해 유출되는 유량이 증가함을 알 수 있었다.

부등류 해석 결과 설계 강우강도는 등류 해석 결과보다 작게 산정되었으며 이에 따라 유하시간 및 유달시간은 더 크게 산정되었다. 강우강도가 커질수록 홍수 도달시간은 짧아지므로 조사된 도달시간의 변화는 당연한 결과라 할 수 있다. 등류 해석 결과 강우강도 및 도달시간은 종단경사에 따른 변화가 없고, 부등류 해석 결과에서는 종단경사가 커질수록 증가하므로, 종단경사가 커질수록 두 해석결과의 차이는 감소하였다.

유출유량과 유출구 간격은, 등류 해석을 수행한 경우 종단경사의 증가에 따라 일관적으로 증가하였지만, 부등류 해석 결과 감소하다가 증가하는 경향을 나타내었다. 종단경사가 커질수록 부등류 해석 결과는 등류 해석 결과와 유사한 값으로 산정되었다. 유출유량 및 유출구 간격은 종단경사가 작은 경우 부등류 해석 결과가 더 크게 산정되었으며,

이는 수로의 종단경사가 작은 경우 등류 해석을 기반으로 한 노면배수시설 설계가 과대 설계가 될 수 있음을 나타내었다.

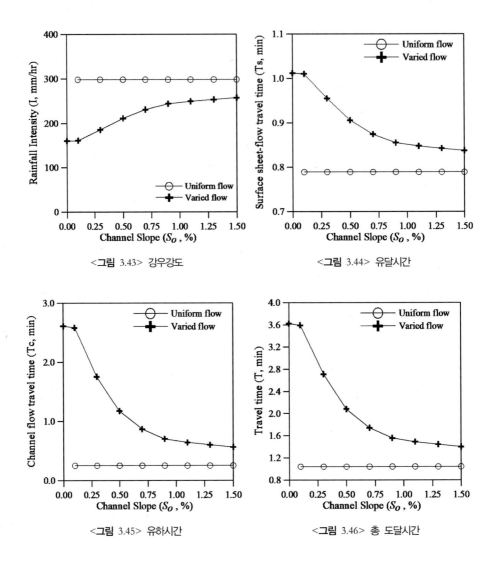

<그림 3.43> 강우강도

<그림 3.44> 유달시간

<그림 3.45> 유하시간

<그림 3.46> 총 도달시간

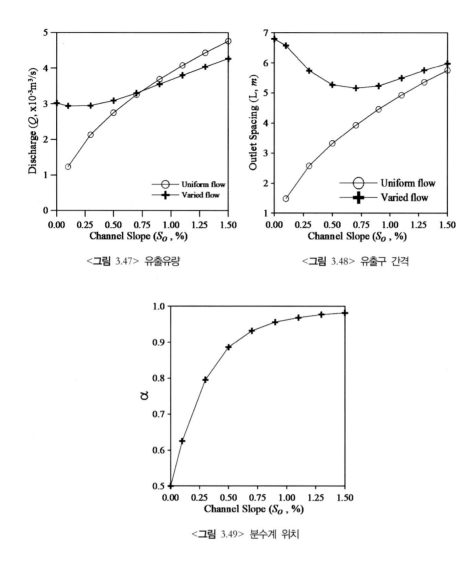

<그림 3.47> 유출유량

<그림 3.48> 유출구 간격

<그림 3.49> 분수계 위치

3) 노면배수시설 모형 보완

(1) 프로그램 수정 및 보완

기 개발된 노면배수시설의 설계 프로그램은 임계지속시간의 개념을 반영한 경우와 그렇지 않은 경우, 선형 배수로의 흐름을 등류로 해석한 경우와 부등류로 해석한 경우에 따라 <표 3.16>과 같이 4가지 유형으로 구분된다.

<표 3.16> 노면배수시설의 설계방법에 따른 분류

설계 프로그램	흐름 해석	설계 도달시간
Model Ⅰ	등류	10분
Model Ⅱ	등류	변수(variables)
Model Ⅲ	부등류	10분
Model Ⅳ	부등류	변수(variables)

　기 개발된 설계 프로그램은 선형 배수로의 단면을 삼각형으로 고려하고 있으나, 노면 배수에서 수로 부분은 길어깨 및 측구의 조합에 의하여 복합단면이 되기도 하므로 이를 반영하여 프로그램을 수정하였다. 또한 선형 배수로에서 발생하는 최대 수심의 허용치를 입력변수로 설정하고 있으나 실무에서는 통수면의 개념을 이용하고 있으므로, 허용통수면을 이용하여 허용수심을 산정하도록 모형을 수정하였다. 또한 1.0 이외의 유출계수가 적용되기도 하므로 이를 입력변수로 수정하여 사용자가 설정할 수 있도록 하였다. 이와 더불어 측구 효율도 모형에 반영하였으며, 상기와 같은 내용을 반영하여 실제 도로 배수 설계가 완료된 도로배수 설계 수리계산서에 비교 및 검토를 하기에 앞서 현재 개발된 프로그램의 추가 보완이 필요한 부분들을 간략하게 정리하였다(<그림 3.50> 참고).

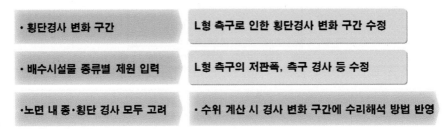

<그림 3.50> 모형 수정 및 보완 사항

　한편, 부등류 해석을 기반으로 하는 Model Ⅲ와 Model Ⅳ의 경우, 선형 배수로(수로 양단에 유출구를 갖는 경우)의 부등류 흐름 해석은 수로 양단에 지배단면이 존재하여 분수계 지점을 시산적으로 찾아 흐름 해석을 수행하는 경우와 종단경사가 어느 정도 커져서 지배단면이 수로상에 위치하게 됨으로써 지배단면의 위치를 찾아 그 지점으로부터 흐름 해석을 수행하는 경우가 있다.

(2) 보완 프로그램 비교 검토

가. 실시설계 방법 검토

도로의 노면배수시설의 설계에 있어 수리·수문학적인 관점에서의 핵심적인 요소 기술인 ① 수로 흐름 해석, ② 강우강도식 적용, ③ 유출량 산정, ④ 도수로(또는 집수정) 설치 간격, ⑤ 노면배수시설물별 통수량 결정 등에 대하여 개발된 노면배수 설계 프로그램과 기존 설계 실무에서 사용하고 있는 방법 및 프로그램을 구체적으로 비교하였다.

<표 3.17> 실시설계 방법 비교

핵심 기술	개발된 노면배수 설계 프로그램	기존 설계 사용 방법
수로 흐름 해석	·수로 흐름을 부등류로 해석 ·유한차분형태의 운동량 방정식을 사용하여 각 계산자 사이의 유하시간을 적분하여 결정	·수로 흐름을 등류로 해석 ·Manning 공식을 적용하여 도달시간을 산정
강우강도식 적용	·분 단위 강우강도식을 전국 단위로 산정하여 적용 ·도로의 경우 도달시간이 10분 이하임을 감안할 때 분 단위 강우 자료를 이용하거나 저해상도 자료를 이용하여 분 단위 강우 자료를 분해하여 사용함. ·지속시간 10분 이하의 IDF관계 유도 가능	·건설교통부에서 제시한 주요 68개 지점만 해석 가능 ·일반적으로 도로 설계 시 강우강도 공식을 산정하기 위하여 가용한 시 단위 강우 자료 또는 10분 단위 강우자료를 사용 ·I.D.F곡선 강우강도공식으로 구하여 설계에 적용 ·지속시간 10분 이하의 IDF관계 유도 불가능
유출량 산정	·표면 박류 유출 모형으로 계산 ·표면 박류 유출 모형은 분 단위 강우자료를 입력자료로 이용하는 유출량 산정 모형임.	·소규모지역 4㎢ 미만 합리식 ·중규모지역 4~250㎢ 합성단위도법 ·대규모지역 250㎢ 이상 중규모유역에 대한 유출계산과 하도홍수 추적 및 합성
도수로 (유출구) 설치 간격	·수로 흐름은 부등류 해석으로 수행 ·시산법으로 임계지속시간을 결정, 유출구 간격 결정	·설계기준에 의거 기본적인 설치 간격을 계산, 사용자가 설치 간격 조정 가능 (쌓기부 도수로, L형 측구 집수정, 중분대 집수정, 중분대 종배수관 최대연장, L형 측구 종배수관, V형 측구 및 산마루 측구)
노면배수 시설물별 통수량 결정	·부등류 흐름 해석 모형과 개발 중인 분 단위 강우강도식을 이용하여 유출량을 산정하는 방법을 노면배수 설계 모형(유출구 설치 간격을 결정하는 모형)에 적용 ·수리학적 유출계산 모형과 축적된 분 단위 강우자료를 입력 자료로 한 유출량을 산정하는 모형 개발 ·집수거 설치 효율과 유효통수량 개념 적용	·통수량 80%를 유효통수량 개념으로 적용하는 방법과 집중 강우에 대한 집수정 Grating 및 집수거 설치 효율을 고려하는 방법 병행 적용

<표 3.17>에서 비교한 것과 같이 도로배수시설의 실시설계는 도달시간을 10분으로 가정하여 지속시간 10분인 설계 강우강도를 적용하고 흐름 해석은 등류 해석을 기반으로 하여 이루어지고 있다.

개발된 설계 프로그램들은 최대 홍수량이 발생하는 임계지속시간을 고려하고 부등류 흐름 해석을 기반으로 하고 있으며, 연구를 통해 개발한 4가지 흐름 해석 방법의 경우, 즉 ① 임계지속시간을 고려하고 부등류 해석을 기반으로 하는 노면배수 설계 프로그램(VC; Varied flow Critical Duration), ② 실시설계 방법처럼 임계지속시간을 고려하지 않고 등류해석을 기반으로 한 프로그램(UF; Uniform flow Fixed Critical Duration), ③ 임계지속시간을 고려하고 등류 해석을 기반으로 한 프로그램(UC; Uniform flow Critical Duration), ④ 임계지속시간을 고려하지 않고 부등류 해석을 기반으로 한 프로그램(VF; Varied flow Fixed Critical Duration)의 결과와 비교된 바 있다.

나. Model Ⅰ의 설계 결과

현재 국내 노면배수시설의 실시설계에서는 도달시간을 10분으로 가정하여 지속시간 10분의 강우강도를 설계 강우강도로 사용하며, 등류 해석을 기반으로 하여 유출구 간격을 산정한다. 이는 Model Ⅰ에서 고려하고 있는 방법과 동일하므로 Model Ⅰ의 적용 결과는 실시설계의 결과와 동일하여야 하고 본 절에서는 이를 확인하였다.

- 적용 대상

Model Ⅰ의 설계 결과를 조사하기 위하여 격포-하서 도로 확장공사 실시설계 수리계산서(48)에서 적용된 도로 및 L형 측구를 적용 대상으로 선정하였다(<표 3.18>, <그림 3.51>과 <그림 3.52> 참고). 실시설계에서 강우강도는 부안지점에 대한 10년 재현기간의 강우강도식이 고려되었으며, 지속시간 10분의 강우강도 201㎜/hr를 설계에 이용하였다. 수리계산서상에 길어깨 횡단경사(1~6%)뿐 아니라 종단경사(0.3~8.5%)에 따른 유출구 간격의 산정 결과가 제시되어 있으므로, 본 연구에서도 길어깨 경사와 종단경사의 변화에 따른 설계 결과의 변화를 살펴보았다.

<표 3.18> 노면배수 설계 프로그램의 적용 대상

구분		값
도로 종단경사(%)		0.3∼8.5
유출계수		0.9
측구효율		0.8
통수면(m)		1.5
폭(m)	도로 노면	10
	길어깨	1
	L형 측구	1
횡단경사(%)	도로 노면	2
	길어깨	1∼6
	L형 측구	10

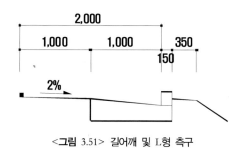

<그림 3.51> 길어깨 및 L형 측구

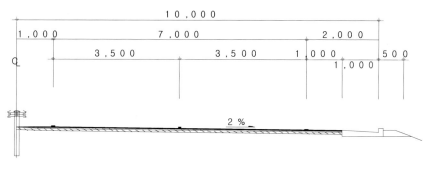

<그림 3.52> 도로 본선

- 설계 결과

길어깨 횡단경사 및 종단경사의 조합에 따라 총 108번 프로그램을 적용한 결과를 실시설계 결과와 비교하였다. 임계지속시간을 고려하지 않는 Model Ⅰ의 설계 결과로서 총 도달시간(유달시간과 유하시간의 합), 유출유량, 유출구 간격을 구할 수 있으나, 실시설계에서는 총 도달시간이 산정되어 있지 않으므로 유출유량과 유출구 간격만을 제시하여 비교하였다(<그림 3.53>과 <그림 3.54> 참고). 결과에서 알 수 있듯이 Model Ⅰ은 실시설계와 동일한 방법으로 설계하고 있으므로 두 결과에 대한 선형회귀식의 기울기가 1.0으로 두 설계 결과가 동일함을 알 수 있다. 그러므로 본 연구에서는 각 설계방법에 따른 설계 결과를 비교·검토하기 위하여 Model Ⅰ의 결과를 기준으로 Model Ⅱ, Model Ⅲ, Model Ⅳ의 결과를 살펴보고자 한다.

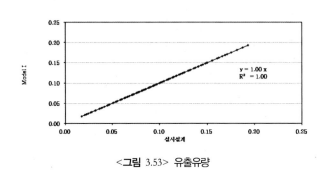

<그림 3.53> 유출유량

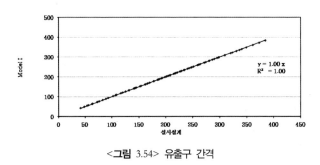

<그림 3.54> 유출구 간격

다. 설계방법별 비교

- 적용 대상

설계방법별 프로그램의 결과를 비교·검토하기 위하여, 위의 절에서 적용된 도로 및 L형 측구의 특성을 이용하였다. 실시설계에서는 임계지속시간의 개념을 반영하지 않고 지속시간 10분의 강우강도를 적용하므로 부안 지점의 강우강도 201mm/hr를 사용하였다. 본 연구에서 개발한 임계지속시간의 개념을 반영하여 지속시간 및 도달시간을 산정하는 Model Ⅱ와 Model Ⅳ를 적용하기 위해서는 분 단위 강우강도식이 요구되며, 서울지점의 분 단위 강우강도식을 부안지점 대신 적용하였다. 서울지점의 분 단위 강우강도식을 이용하여 Model Ⅱ와 Model Ⅳ의 결과를, 임계지속시간을 고려하지 않는 Model

Ⅰ과 Model Ⅲ의 결과와 비교하기 위해서는 동일한 강우강도식을 적용하여야 한다. 그러므로 Model Ⅰ과 Model Ⅲ의 강우강도는 서울지점 분 단위 강우강도식에 대한 지속시간 10분의 강우강도인 121mm/hr를 이용하였다.

- 설계 결과

각 설계방법에 따른 노면배수시설의 설계 결과를 비교하기 위하여 임계지속시간을 고려하지 않고 등류 해석을 기반으로 하는 Model Ⅰ의 결과에 대하여 나머지 프로그램들의 설계 결과를 비교하였다. <그림 3.55>에 나타낸 바와 같이 설계방법에 상관없이 선형 배수로의 유출구로 유출되는 총 유량은 설계방법에 크게 영향 받지 않는 것으로 나타났다. 이는 등류 해석의 경우 통수능은 입력변수인 허용통수면을 이용하여 산정된 허용수심에 따라 결정되며, 부등류 해석의 경우 수로에서 발생하는 최대 수심이 허용수심을 초과하지 않도록 설계하는 방법 때문인 것으로 판단된다.

<표 3.19> 모형 간 유출유량 산정 결과(길어깨 횡단경사 1%)

(단위: ㎥/s)

적용 프로그램	도로 본선 종단 경사				
	0.50%	1.00%	1.50%	2.00%	2.50%
Model Ⅳ	0.0230	0.0323	0.0407	0.0475	0.0534
	+0.0003	**+0.0002**	**+0.0014**	**+0.0019**	**+0.0027**
Model Ⅰ	0.0227	0.0321	0.0393	0.0454	0.0507
	-	-	-	-	-
Model Ⅲ	0.0227	0.0321	0.0393	0.0453	0.0507
	0	**0**	**0**	**-0.0001**	**0**
Model Ⅱ	0.0231	0.0321	0.0405	0.0473	0.0532
	+0.0004	**0**	**+0.0012**	**+0.0017**	**+0.0025**

설계방법별 유출구 간격은 <그림 3.56>에 제시하였으며, Model Ⅲ에 대한 추세선의 기울기는 0.9955로, 임계지속시간을 고려하지 않을 경우 등류 해석과 부등류 해석은 설계 결과에 크게 영향을 미치지 않지만 크게 달라지지 않았다. 그러나 임계지속시간을 고려하는 Model Ⅱ와 Model Ⅳ에 대한 추세선의 기울기는 각각 0.6114와 0.7096으로서 유출구 간격이 Model Ⅰ의 경우보다 작게 산정되었다. 또한 임계지속시간을 고려하는 경우 선택하는 흐름 해석 방법에 따른 결과의 차이는 커졌다. 즉, 흐름 해석 방법은 임

계지속시간을 고려하는 경우 설계 결과에 미치는 영향력이 더 증가한다. 여기서 유출구 간격이 증가한다는 것은 동일한 구간에 대하여 설치해야 할 유출구의 개수가 감소하는 것을 의미하므로, 임계지속시간을 고려하여 설계하는 방법을 적용할 경우 임계지속시간을 고려하지 않는 경우보다 더 많은 유출구를 설치해야 함을 알 수 있다.

임계지속시간을 고려하고 부등류 해석을 기반으로 한 설계방법이 수리·수문학적으로 과학적이고 합리적이라고 할 때, 국내 도로배수시설의 현재 설계방법은 배수불량의 문제를 일으킬 가능성이 높으며, 본 연구에서 개발된 임계지속시간을 고려하고 부등류 해석으로 설계하는 Model Ⅳ를 적용함으로써 그러한 문제를 어느 정도 해결할 수 있을 것이라 판단된다.

<표 3.20> 모형 간 도수로 간격 산정 결과(길어깨 횡단경사 1%)

(단위: ㎥/s)

적용 프로그램	도로 본선 종단 경사				
	0.50%	1.00%	1.50%	2.00%	2.50%
Model Ⅳ	57.02	71.80	91.38	105.77	118.38
	+11.92	+8.00	+13.28	+15.57	+17.48
Model Ⅰ	45.10	63.80	78.10	90.20	100.90
	-	-	-	-	-
Model Ⅲ	45.17	63.89	78.24	90.35	101.01
	+0.07	+0.09	+0.14	+0.15	+0.11
Model Ⅱ	45.93	63.85	80.60	94.22	105.94
	+0.83	+0.05	+2.50	+4.02	+5.04

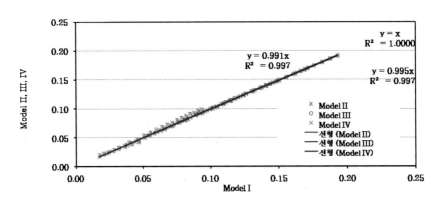

<그림 3.55> 모형 간 유출유량 비교

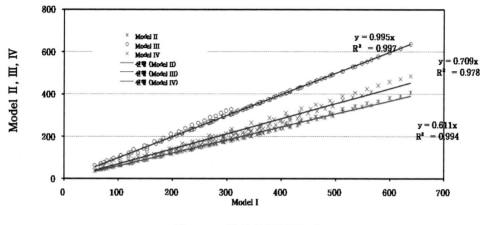

<그림 3.56> 모형 간 유출구 간격 비교

추가적으로 임계지속시간을 고려한 설계방법에서 종단경사 및 길어깨 횡단경사에 따라 결정된 설계 강우강도를 살펴보기 위하여 <그림 3.57>과 <그림 3.58>을 작성하였다. 등류 해석에서 유하시간은 강우강도, 도로 폭, 수로 단면의 함수가 되므로, 강우강도가 일정하다면 유하시간도 일정한 값을 갖게 되며 종단경사의 변화에 영향을 받지 않는다. Model Ⅱ를 적용하는 경우 임계지속시간을 고려하여 설계 강우강도를 결정함에도 불구하고 종단경사에 따라 강우강도에 일정한 것으로 나타났다. 강우강도가 일정하므로 도달시간 역시 종단경사에 영향을 받지 않을 것임을 예상할 수 있다. 그러나 길어깨 횡단경사가 변하는 경우 수로의 단면이 변하므로 이는 설계에 영향을 미치며 <그림 3.57>과 같이 길어깨 횡단경사가 증가함에 따라 강우강도는 다소 증가하다가 감소하는 것으로 산정되었다. 강우강도의 경향으로부터 도달시간은 길어깨 횡단경사가 증가함에 따라 다소 감소하다가 증가함을 예상할 수 있다. 부등류 해석을 하는 Model Ⅳ의 경우 강우강도는 길어깨 횡단경사뿐만 아니라 종단경사에 영향을 받는 것으로 나타났다(<그림 3.58> 참고). 그러나 종단경사가 아주 작은 경우, 즉 0.3%와 0.5%인 경우 강우강도는 그 외 종단경사에 대하여 결정된 강우강도와 차이를 보였다. 즉, 종단경사가 어느 정도 커지면 종단경사가 설계 결과에 미치는 영향력은 감소함을 알 수 있다.

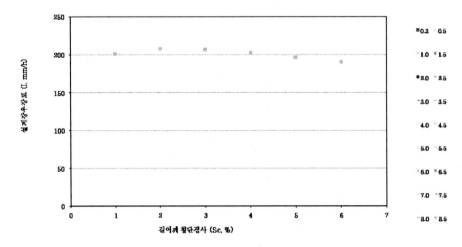

<그림 3.57> 종단경사 및 길어깨 횡단경사별 설계 강우강도(Model II)

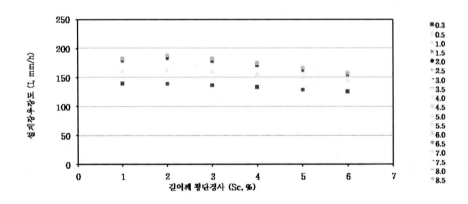

<그림 3.58> 종단경사 및 길어깨 횡단경사별 설계 강우강도(Model IV)

라. 입력변수 조정

노면배수 설계 프로그램은 측구형식, 횡단경사, 종단경사, 도로 폭, 통수면 폭 등의 요소에 따라 다양한 조건에 대하여 적용할 수 있어야 한다. 노면배수 설계 프로그램은 크게 성토부 도수로 설치 간격과 절토부 집수정 설치 간격을 결정할 수 있어야 한다. 또한 프로그램의 적용성 검토를 위하여 선정된 현장에서 수집된 자료를 검토한 결과 성토부 도수로와 절토부 집수정 설치에 이용되고 있는 측구 형식은 주로 다이크, L1형 및 L2형의 측구로 조사되었다(<그림 3.59>~<그림 3.61> 참고). 이러한 사항들을 고려하여 성토부 및 절토부에 대한 설계 및 3가지 측구 유형에 대한 설계가 가능하도록 프로그램을 수정 및 보완하였다. 수정·보완된 노면배수 설계 프로그램을 성토부 도수로 및 절토부 집수정 설치 간격을 결정하기 위하여 적용하는 데 있어서 요구되는 입력변수는 <표 3.21>과 <표 3.22>에 제시하였다. 노면배수 설계 프로그램의 입력변수는 기존 설계방법에서 요구되는 것과 동일하지만, 절토부 집수정 설치 간격을 설계하는 경우에는 절토부의 비탈면에서의 경사 및 조도계수 등의 정보가 필요하다. 또한 절토부에 적용되는 경우 비탈면 폭은 경사를 가지는 사면의 폭과 1m 정도의 평평한 폭을 포함하므로 이를 구분하여 입력하도록 설정하였다.

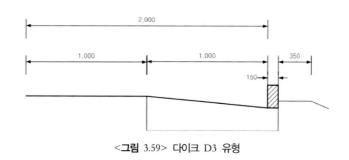

<그림 3.59> 다이크 D3 유형

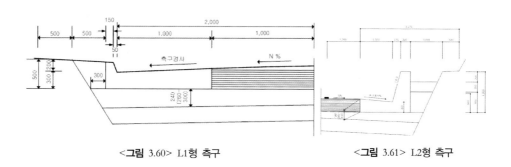

<그림 3.60> L1형 측구   <그림 3.61> L2형 측구

<표 3.21> 노면배수 설계 프로그램의 입력변수(성토부 도수로 설치 간격)

입력변수	적용 예	추정방법	비고
강우강도식 유형	TALBOT	결정계수가 높은 분 단위 강우강도식 유형 결정	분 단위 강우강도식 표
변수 a(단기간)	1425.986	표에서 선택	
변수 b(단기간)	1.5515	표에서 선택	
변수 a(장기간)	2391.231	표에서 선택	
변수 b(장기간)	5.0514	표에서 선택	
측구효율	0.8	-	수리계산서
조도계수	0.015	-	
측구유형	DIKE03	Dike 3형식: DIKE03	

유출계수(C)	0.9	-	
도로 폭	10	-	
도로 횡단경사	2	-	
길어깨 폭	1	-	수리계산서
통수면 폭	1.5	-	
측구횡단경사	10	-	
절토부 개수	0	-	
도로종단경사, 길어깨 경사	0.3 2.0	-	
최대 도달시간	100	초기 값-사용자가 설정	-
최대 유출구 간격	10000	초기 값-사용자가 설정	-

<표 3.22> 노면배수 설계 프로그램의 입력변수(절토부 집수정 설치 간격)

입력변수	적용 예	추정방법	비고
강우강도식 유형	TALBOT	결정계수가 높은 분 단위 강우강도식 유형 결정	
변수 a(단기간)	1425.986	표에서 선택	분 단위 강우강도식 표
변수 b(단기간)	1.5515	표에서 선택	
변수 a(장기간)	2391.231	표에서 선택	
변수 b(장기간)	5.0514	표에서 선택	
측구효율	0.8	-	수리계산서
조도계수	0.015	-	
측구유형	LTYPE01	L형 측구 1형식: LTYPE01 L형 측구 2형식: LTYPE02	
유출계수(C)	0.9	-	
도로 폭	10.2	-	
도로 횡단경사	2	-	
길어깨 폭	1	-	수리계산서
통수면 폭	1.5	-	
측구횡단경사	10	-	
절토부 개수	2	고정(절토부 부분을 두 개로 구분)	
절토부 유출계수(1)	0.8		
절토부 폭(1)	1	고정(가정)	
절토부 경사(1)	0.04	고정(가정)	
절토부 조도계수(1)	0.015	고정(가정)	
절토부 유출계수(2)	0.8		수리계산서
절토부 폭(2)	24	수리계산서의 절토부 폭-1m	
절토부 경사(2)	0.66667	고정(가정)	
절토부 조도계수(2)	0.03	고정(가정)	
도로종단경사, 길어깨 경사	0.3 2.0		
최대 도달시간	100	초기 값-사용자가 설정	-
최대 유출구 간격	10000	초기 값-사용자가 설정	-

5. 횡단배수시설 설계 전산 모형 개발

1) 국외 전산 모형 검토

본 연구에서는 수리학적 해석을 통한 암거 설계를 위하여 Culvert Master 프로그램의 암거의 수리학적 해석을 벤치마킹하였다. 암거 체계의 수리해석과 설계를 위한 전산 프로그램으로서 Culvert Master는 일반적으로 암거 체계의 설계에 다음과 같은 수리·수문학적 요소들을 포함하고 있다.

- **수문**

상류 분기점 배수 구역에서의 흐름 설계와 암거 체계로의 홍수 흐름 해석. 홍수량에 따라 이론식, SCS Peak Discharge Method, 회귀방정식 혹은 다른 적합한 방법론들의 적용에 의한 수문학적 해석.

- **암거의 수리학적 해석**

도로 제방을 통과하는 흐름의 교류를 위한, 하나 혹은 그 이상의 암거의 설치 시의 유입부 및 유출부의 형상 처리. 수리학적 흐름 해석을 고려한 암거로 인한 흐름 묘사.

- **도로 범람**

암거의 총 허용유량 초과 시 발생하는 도로 제방의 범람 해석(월류 흐름을 통한 해석).

- **유출부 흐름**

자연 하천, 개량된 수로 혹은 다른 배수구에서의 유량 또는 도로 제방 측면에서의 유출 흐름 해석. 수리학적 해석에 의한 유출 유량은 전체 암거 체계에 영향을 미치며 유출부의 흐름은 가정에 의한 부정류 흐름 혹은 독립된 범람원 이론들에 의해 해석된다.

Culvert Master 소프트웨어의 암거 설계를 위한 흐름 해석은 다음과 같다.

■ 유입부 통제 수로

유입부 통제 상태의 수로일 경우 유입부가 잠겨 있는지 여부에 따라 서로 다른 계산식을 사용한다. 먼저 유입부가 잠수되어 있지 않은 경우에는 단면 형상과 재질에 따라 식 2.34 또는 식 2.35로부터 수두를 구한다. 이 경우 두 방정식은 $Q/AD^{0.5}$=3.5인 경우까지 적용된다. 연귀이음을 한 유입부인 경우에는 경사보정계수로서 -0.5S 대신 +0.7S를 사용하여야 한다.

$$\frac{HW_i}{D} = \frac{H_c}{D} + K\left(\frac{Q}{AD^{0.5}}\right)^M - 0.5S \tag{2.34}$$

$$\frac{HW_i}{D} = K\left(\frac{Q}{AD^{0.5}}\right)^M \tag{2.35}$$

유입부가 잠수되어 있는 경우에는 다음 식 2.36으로부터 수두를 구할 수 있으며, $Q/AD^{0.5}$가 4.0 이상인 경우에 적용된다.

$$\frac{HW_i}{D} = c\left(\frac{Q}{AD^{0.5}}\right)^2 + Y - 0.5S \tag{2.36}$$

여기서 HWi는 상류수심(ft), Hc는 한계수심의 수두(ft)이고, Q는 유량(ft³/s)이며, A는 암거단면적(ft²)이며, D는 암거높이(ft)를 나타낸다. 또한 K, M, c와 Y는 단면 형상과 재료에 따른 상수이며, S는 암거가 설치된 경사(ft/ft)이다. Hc와 dc는 다음 식 2.37과 2.38로부터 각각 구할 수 있다.

$$H_c = d_c + \frac{V_c^2}{2g} \tag{2.37}$$

$$d_c = \sqrt[3]{\frac{q^2}{g}} \tag{2.38}$$

여기서 dc는 한계수심(ft)이고, Vc는 한계유속(ft/s)이며, q는 단위폭당 유량(unit discharge, $ft^3/s/ft$)이며, g는 중력가속도이다.

■ 유출부 통제 수로
유출부 통제 수로에서는 식 2.39로부터 수두를 구할 수 있다.

$$HW_o + \frac{V_u^2}{2g} = TW + \frac{V_d^2}{2g} + H_L \qquad (2.39)$$

여기서 HWo는 유출부에서의 수심(ft)이고, Vu는 유입부로 접근하는 유속(ft/s), TW는 유출부에서의 배수수심(ft)이고, Vd는 유출부를 나가는 유속(ft/s), HL은 마찰손실(He), 유입손실(He), 유출손실(Ho) 등을 포함한 총 손실, g는 중력가속도(ft/s^2)이다. 여기서 유입손실은 식 2.40 유출손실은 식 2.41로부터 산정한다. 마찰손실(He)은 표준 축차 계산법(Standard step method)이나 직접 방법(Direct method)을 이용하여 점변류 흐름 모의를 수행하여 계산한다.

$$H_e = k_e \frac{V^2}{2g} \qquad (2.40)$$

여기서 He는 유입손실(ft), V는 유입부 내부에서의 수두속도(ft/s), ke는 유입부의 단면형상에 의해 결정되는 손실계수, g는 중력가속도이다.

$$H_o = 1.0 \left(\frac{V^2}{2g} - \frac{V_d^2}{2g} \right) \qquad (2.41)$$

여기서 Ho는 유출손실(ft), V는 유출부 내부에서의 수두속도(ft/s), Vd는 유출부에서 나가는 유속(ft/s), g는 중력가속도이다.

Culvert Master 소프트웨어에서 암거의 수리학적 해석을 벤치마킹하여 암거 설계 전산 프로그램을 수립하였으며, 이를 위한 설계 흐름도는 <그림 3.62>와 같다.

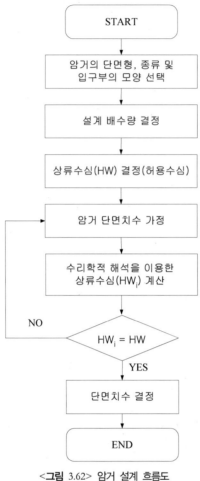

<그림 3.62> 암거 설계 흐름도

2) 암거 단면규격 산정 프로그램 개발

도로배수시설 설계 및 유지관리 지침(6)에서 제시하고 있는 방법은 지형 또는 현장 여건에 따라 암거의 형식을 결정하고, 그 형식에 대한 유입부 상류 수심을 도표(노모그래프)를 이용한 반복시산법, 도식에 의한 방법(방정식과 수리학 공식에 의한 방법)과 유송잡물 및 토사퇴적을 고려한 수리계산방법을 이용하여 산정하게 된다. 그러나 암거 내 흐름이 자유수면을 가지는 개수로의 흐름인 경우 간략화된 식 또는 노모그래프를 이용해서 정확한 흐름 해석을 할 수 없다. 특히 암거는 수리학적으로 짧기 때문에 암거 내에 등류수심이 발생하지 않을 가능성이 높다. 그러므로 본 연구에서는 보다 개선된 개수로 흐름 해석을 수행하여 암거 흐름을 해석할 수 있는 프로그램을 개발하고 이를 기반으로 국내 실정에 적합한 암거의 단면규격 산정 프로그램을 개발하는 것을 목표로 하였다.

(1) 암거의 흐름 해석 프로그램

개발된 암거 흐름 해석 프로그램은 Culvert Master 소프트웨어를 벤치마킹하여 개발되었고, 수로암거 및 횡단배수관의 단면규격을 산정하기 위한 프로그램에 이용되므로 흐름 해석 결과로 암거 상류부 수위(HWE), 암거 직경(높이)에 대한 상류수심의 비 (H/D)와 암거 유출부에서의 유속(V_{out})을 제시한다. 여기서 상류부 수위는 흐름 통제를 유입부 통제(Inlet control)와 유출구 통제(Outlet control) 두 가지로 가정하여 각각에 대하여 상류수위를 산정하고 상류수위가 크게 산정된 경우가 흐름을 통제하는 것으로 한다. 유입부 통제를 가정하는 경우 암거 내의 마찰력과 미소 손실을 무시하고 유입부 수심을 산정하며, 유출구 통제를 가정하는 경우 유입 및 유출손실뿐 아니라 마찰손실도 고려하여 전통적인 수리학적 방법으로 유입부 수심을 산정한다.

가. 유입부 통제 흐름 해석

유입부 통제 상태의 수로로 가정하는 경우, 유입부가 잠겨 있는지 여부에 따라 서로 다른 계산식을 사용하여야 한다. 유입부 잠수 여부는 $Q/AD^{0.5}$의 값으로 판별하며 그 조건은 <표 3.23>에 제시하였다.

유입부가 잠수되어 있지 않은 경우엔 단면 형상과 재질에 따라 식 2.34 또는 식 2.35를 이용하여 상류수심을 구한다. 연귀이음을 한 유입부인 경우에는 경사보정계수로서 -0.5S 대신 +0.7S를 사용하여야 한다.

<표 3.23> 유입부 잠수 여부 판별(유입부 통제 흐름 해석)

유입부 잠수 여부	특성	조건
잠수되지 않는 경우	홍수량이 작은 경우, 위어의 수리특성	$Q/AD^{0.5} \leq 3.5$
잠수되는 경우	홍수량이 큰 경우, 오리피스의 수리특성	$Q/AD^{0.5} \geq 4.0$
천이영역	수리특성이 잘 정의되지 않는 경우	$3.5 < Q/AD^{0.5} < 4.0$

$$\frac{\mathrm{HW_i}}{\mathrm{D}} = \frac{\mathrm{H_c}}{\mathrm{D}} + \mathrm{K}\left(\frac{\mathrm{Q}}{\mathrm{AD}^{0.5}}\right)^{\mathrm{M}} - 0.5\mathrm{S} \tag{2.34}$$

$$\frac{\mathrm{HW_i}}{\mathrm{D}} = \mathrm{K}\left(\frac{\mathrm{Q}}{\mathrm{AD}^{0.5}}\right)^{\mathrm{M}} \tag{2.35}$$

유입부가 잠수되어 있는 경우의 상류수심은 식 2.36을 이용하여 구한다.

$$\frac{\mathrm{HW_i}}{\mathrm{D}} = \mathrm{c}\left(\frac{\mathrm{Q}}{\mathrm{AD}^{0.5}}\right)^2 + \mathrm{Y} - 0.5\mathrm{S} \tag{2.36}$$

여기서 $\mathrm{HW_i}$는 유입부 상류수심(ft), $\mathrm{H_c}$는 한계수두(ft), Q는 유량(ft³/s), A는 만관일 때의 단면적(ft²), D는 암거의 높이 또는 직경(ft), S는 암거가 설치된 경사(ft/ft), K, M, c와 Y는 단면 형상과 재료에 따른 상수이다. 한계수두는 한계수심과 그때의 속도를 이용하여 다음과 같이 구할 수 있다.

$$\mathrm{H_c} = \mathrm{d_c} + \frac{\mathrm{V_c}^2}{2\mathrm{g}} \tag{2.37}$$

여기서 $\mathrm{d_c}$는 한계수심, $\mathrm{V_c}$는 한계유속, g는 중력가속도이다.

수리특성이 잘 정의되지 않는 경우, 즉 $\mathrm{Q/AD}^{0.5}$가 3.5보다 크고 4.0보다 작은 경우에 대한 상류수심은 $\mathrm{Q/AD}^{0.5}$가 3.5, 4.0일 때의 상류수심을 각각 구하고 이를 선형 보간하여 구한다.

유입부 통제 방정식에 사용되는 상수들은 단면형, 재료, 유입구 형태 등에 따라 결정된다. <표 3.24>는 국내 수로암거 및 횡단배수관에 대한 유입부 통제 방정식의 상수들을 나타낸 것이다.

<표 3.24> 암거 유형별 유입부 통제 방정식의 함수형태 및 상수(Form, K, M, c, Y)

구분	단면형상	유입부 형상	Chno	Nomoscale	Form	K	M	c	Y
수로암거	구형	30° to 75° wingwall flares	8	1	1	0.26	1.0	0.0385	0.81
		90° to 15° wingwall flares	8	2	1	0.061	0.75	0.0400	0.80
		0° wingwall flares	8	3	1	0.061	0.75	0.0423	0.82
횡단배수관	원형	Square edge w/headwall	1	1	1	0.0098	2.0	0.0398	0.67
		Groove end w/headwall	1	2	1	0.0078	2.0	0.0292	0.74
		Groove end projecting	1	3	1	0.0045	2.0	0.0317	0.69

유입부 통제 흐름 해석에서 상류수위는 위의 식들로부터 구해진 상류수심에 암거 유입부의 표고를 더하여 산정할 수 있다. 본 연구에서 수위는 암거 유출부 지점의 표고를 기준(Elv.=0)으로 하여 산정하도록 한다(식 3.12와 <그림 3.63> 참고).

$$HWE_i = HW_i + \triangle Z \tag{3.12}$$

여기서 HW_i는 유입부 상류수심(ft), HWE_i는 유입부 상류수위(ft), $\triangle Z$는 암거 유입부와 유출부의 표고차(유입부 Invert 높이)이다.

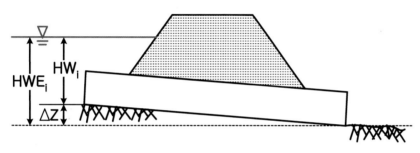

<그림 3.63> 상류수심 및 수위(유입부 통제 흐름 해석)

나. 유출부 통제 흐름 해석

- 지배방정식 및 손실수두

유출부 통제 수로로 가정한 경우, 식 3.13의 에너지 방정식을 이용하여 유입부 상류수심을 산정할 수 있다(<그림 3.64> 참고). 이는 개수로의 정상 부등류로서 흐름 특성이 점진적으로 변하는 점변류(gradually varied flow)에 대한 기본식이다. 부등류 해석에서 각 지점의 수심은 Newton-Raphson 방법에 의하여 구할 수 있다(4, 49).

$$HW_o + \frac{V_u^2}{2g} + \triangle Z = TW + \frac{V_d^2}{2g} + H_L \tag{3.13}$$

여기서 HW_o는 상류수심, TW는 하류수심, V_u는 유입유속, V_d는 유출유속, H_L은 마찰손실수두(H_e), 유입손실수두(H_e), 유출손실수두(H_o)를 포함한 총 손실수두, g는 중력가속도이다.

유출부 통제 흐름 해석에서도 유입부 상류수위는 암거 유출부에서의 표고를 기준(0)으로 하여 산정하도록 한다(식 3.14 참고).

$$HWE_o = HW_o + \triangle Z \tag{3.14}$$

여기서 HW_o는 유입부 상류수심(ft), HWE_o는 유입부 상류수위(ft), $\triangle Z$는 암거 유입부와 유출부의 표고차(유입부 Invert 높이)이다.

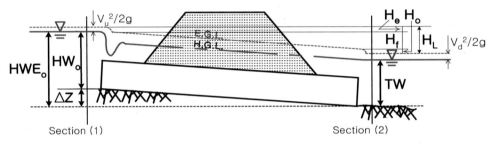

<그림 3.64> 에너지 경사선(유출부 통제 흐름 해석)

유입부에서 발생하는 미소손실은 유입부로 들어오는 유속의 함수이다.

$$H_e = k_e \frac{V_e^2}{2g} \tag{2.40}$$

여기서 H_e는 유입손실수두, V_e는 암거 유입부에서의 유속, k_e는 유입손실 계수, g는 중력가속도이다. 유출부의 단면 확대에 의해서 발생하는 미소손실은 유출부로 나가는 유속의 함수이다.

$$H_o = 1.0 \left(\frac{V_o^2}{2g} - \frac{V_d^2}{2g} \right) \approx 1.0 \frac{V_e^2}{2g} \tag{3.15}$$

여기서 H_o는 유출손실수두, V_o는 암거 출구에서의 유속, V_d는 암거 하류 측 수로에서의 유속, V_e는 암거 입구에서의 유속, g는 중력가속도이다. 본 연구에서는 유출손실수두는 암거 유입부에서의 속도수두로 가정하며 하류 측 수로의 유속은 무시하도록 한다.

점변류에 대하여 마찰손실수두는 계산간격과 등류 마찰경사와의 곱으로 산정할 수 있으며, 본 연구에서는 마찰경사 관계식이 평균마찰경사(S_f)에 도달할 때까지 다음 단면에서의 수심을 변화시키는 표준축차방법(Standard step method)을 이용하여 산정하였다.

$$h_f = S_f \Delta x = \frac{1}{2}(S_1 + S_2)\Delta x \tag{3.16}$$

여기서 S_f는 마찰경사, Δx는 계산 간격, S_1과 S_2는 각 계산 단면에서의 마찰경사이다.

암거의 흐름이 관수로인 경우, 마찰손실수두는 도로배수시설 설계 및 유지관리 지침 (건설교통부, 2003)의 방법과 동일하게 식 3.17 또는 식 3.18을 이용하여 산정한다.

$$\text{박스인 경우,} \quad H_f = \frac{f}{4}\frac{L}{R}\frac{V^2}{2g} = \frac{19.6\,n^2}{R^{4/3}}\frac{LV^2}{2g} \tag{3.17}$$

$$\text{파이프인 경우,} \quad H_f = f\frac{L}{D}\frac{V^2}{2g} = \frac{124.5\,n^2}{D^{4/3}}\frac{LV^2}{2g} \tag{3.18}$$

여기서 f는 마찰손실계수, R은 동수반경, D는 직경, L은 암거길이, V는 유입유속, g는 중력가속도이다. 마찰손실계수는 다음과 같이 정의된다.

$$f = \frac{8gn^2}{R^{1/3}} \tag{3.19}$$

- 개수로 흐름 분류

암거 내 흐름이 자유수면을 가지는 경우 암거의 경사가 완만하여 흐름이 상류가 되면 수면곡선은 배수곡선(backwater curve, M1)과 수위강하곡선(drawdown curve, M2)이 되며, 암거 내 각 지점의 수심은 지배단면인 유출부를 시작으로 상류방향으로 계산하여 유입부 상류수심을 산정한다. 암거의 경사가 급하여 흐름이 사류가 되면 유입부에서의 수심은 한계수심이 되며, 이 지점을 시작으로 하류방향으로 수심을 계산한다. 만약 하류 측의 수심이 깊다면, 짧은 구간 사이에서 흐름 특성이 급변하는 도수가 발생하며, 이때 수면곡선은 S1이 된다. 도수가 암거 내 혹은 하류 측에서 발생한다면 암거 내의 흐름은 암거 유입부가 통제하지만, 상류 측에서 발생한다면 유출부가 통제하게 되므로 암거의 유입부 상류수심은 유출부에서 상류방향으로 수심을 계산하여 결정한다. <그림 3.65>는 암거 내 흐름이 자유수면을 가질 때 발생하는 수면곡선의 유형을 나타내고 있으며, <표 3.25>는 암거경사가 완경사 또는 급경사에 따라 발생 가능한 수면곡선유형 및 지배단면 등을 나타낸다. 암거 내에서 발생 가능한 개수로 흐름 유형은 <표 3.26>과 같다. 암거의 경사가 완경사인 경우, 하류수심이 등류수심보다 크다면 M1곡선, 작다면 M2곡선이 된다. 급경사인 경우, 도수가 발생하지 않으면 S2곡선, 도수가 발생하는 경우는 S1곡선이 된다.

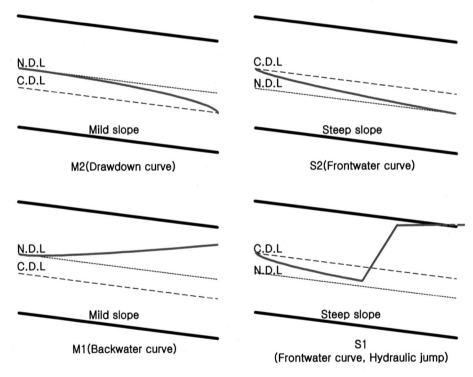

<그림 3.65> 수면곡선유형(개수로 흐름)

<표 3.25> 수면곡선유형 및 흐름 해석 방향

경사 판별	조건	수면곡선	지배단면 위치	흐름 해석 방향
완경사 (Mild slope)	So<Sc	M1, M2	유출부 (한계수심 또는 하류수심)	Backwater analysis (유출부→유입부 방향 수심 계산)
급경사 (Steep slope)	So>Sc	S1, S2	유입부 (한계수심)	Frontwater analysis (유입부→유출부 방향 수심 계산)

<표 3.26> 암거에서 발생하는 개수로 흐름의 분류

경사	조건	수면곡선특성	수면곡선유형
완경사	하류 측 수심>등류수심	Backwater curve	M1
	하류 측 수심<등류수심	Drawdown curve	M2
급경사	상류 측에서 도수 발생	Backwater Curve	S1
	암거 내에서 도수 발생	Frontwater curve	
	하류 측에서 도수 발생	Frontwater curve	
	도수 발생하지 않음	Frontwater curve	S2

- 흐름 해석 과정

암거의 흐름 유형은 <표 3.27>과 같다. 제1형식은 암거의 경사(S_o)가 한계경사(S_c)보다 작은 완경사이며, 유출부에서 하류수심(TW)이 한계수심(d_c)보다 작은 상류(常流) 상태로 흐름의 지배단면은 유출부가 된다. 이와 같은 흐름 조건을 만족시키는 설계는 경사가 완만하고 소류지가 있는 소하천의 경우에 적합하다.

제2형식은 수로경사가 완만하고 하류수심(TW)이 한계수심보다 크고 암거의 높이보다 낮은 경우로 지배단면은 유출부가 된다. 이런 흐름은 경사가 완만하고 폭이 좁으면서 수심이 깊은 수로에서 발생하나 흔하지 않은 경우이며, 제3형식은 수로경사가 급하고 하류수심(TW)이 한계수심과 암거 높이보다 낮은 사류(射流)의 상태이며 입구부가 지배단면이 된다. 이와 같은 흐름은 급경사의 산악지역 수로에 적합하다.

제4형식은 하류수심(TW)이 암거 높이(D)보다 높아 하류부가 잠수된 상태로 암거 내 유출부와 인접한 곳에서 도수가 발생하게 된다. 도수가 상류로 이동하여 유입부에 도달하면 제7형식의 흐름과 같고 하류로 씻겨 내려가면 제8형식의 흐름이 된다. 이와 같은 흐름은 급경사의 산악지 수로에서 하류수위가 암거 높이 위로 올라가는 상황을 의미하므로 실제 발생 가능성은 희박하다.

제5형식은 암거 내 자유수면을 갖는 흐름으로 유입부의 흐름이 수문 아래로 흐르는 경우처럼 흐름의 상태가 오리피스류가 되어 지배단면은 유입부가 된다.

제6형식은 암거 내 흐름이 만수상태로 관수로의 특징을 갖고 있으며, 압력차에 의해 흐르게 되어 지배단면은 유출부가 되며, 제7형식에서 암거 내 흐름은 상류와 하류의 수위차로 인해 흐르는 관수로의 흐름이 되며 지배단면은 암거하류의 수면이 된다.

제8형식에서 흐름은 하류수심(TW)이 암거의 높이(D)보다 크지만 암거 내 유속이 빨라 유출부가 잠수되지 않는 형식으로 지배단면은 유입부가 된다. 이런 흐름은 암거 내에서 제5형식과 동일한 모형을 갖고 있다.

<표 3.27> 암거의 흐름 유형

구분	수리모형	수리조건	구분	수리모형	수리조건
1형식		$<$상류의 흐름$>$ $HW \leq 1.2D$(Class I) $S_o < S_c$ $T_w < d_c$ d_n : 암거내등류수심 S_o : 암거의 경사 S_c : 암거의 한계경사	5형식		$<$사류의 흐름$>$ $HW \geq 1.2D$(Class II) $S_o > S_c, S_o < S_c$ $TW < d_c$ $d_n < d_c$ d_n : 암거내등류수심 d_c : 한계수심
2형식		$<$상류의 흐름$>$ $HW \leq 1.2D$(Class I) $S_o < S_c$ $d_c < TW < D$ d_n : 암거내등류수심 TW : 유출부수두 d_c : 한계수심	6형식		$<$관수로의 흐름$>$ $HW \geq 1.2D$(Class II) $S_o > S_c, S_o < S_c$ $TW < D$ $d_n > D$ d_n : 암거내등류수심 d_c : 한계수심
3형식		$<$사류의 흐름$>$ $HW < 1.2D$(Class I) $S_o \geq S_c$ $TW \leq d_c < D$ d_n : 암거내등류수심 d_c : 한계수심	7형식		$<$관수로의 흐름$>$ $HW \geq 1.2D$(Class II) $S_o > S_c, S_o < S_c$ $TW > D$ d_n : 암거내등류수심 d_c : 한계수심
4형식		$<$사류→상류 : 도수발생$>$ $HW \leq 1.2D$(Class I) $S_o \geq S_c$ $TW > d_c$ d_n : 암거내등류수심 d_c : 한계수심	8형식		$<$사류→상류 : 도수발생$>$ $HW \geq 1.2D$(Class II) $S_o > S_c, S_o < S_c$ $TW > D$ d_n : 암거내등류수심 d_c : 한계수심

다. 암거의 흐름 해석 프로그램 적용 및 검증

개발된 흐름 해석 프로그램을 검증하기 위하여 <표 3.28>과 같은 1련 또는 2련의 박스 및 파이프에 대하여 암거에 대한 흐름을 모의하고 Culvert Master를 적용한 결과와 비교하였다. CASE I과 CASE III의 경우 도로배수시설 설계 및 유지관리 지침(6)에서 제시하고 있는 암거의 8가지 흐름 유형이 모의되도록 흐름 조건을 설정하였다.

CASE II와 CASE IV는 CASE I과 CASE III의 조건에서 련수의 값을 2로 변경한 것이다. <표 3.27>에 제시된 암거 유형 및 흐름 조건에 대하여 두 모형을 적용하게 되므로 총 64번의 흐름 모의를 수행하였다.

<표 3.28> 암거의 흐름 해석 프로그램 적용 대상인 암거의 흐름 조건

CASE	구분(단면 형상)	련수	흐름 유형	모의 횟수
Ⅰ	Pipe(원형)	1	암거의 8가지 흐름 유형이 모의되도록 유량, 경사 및 하류 측 수위를 조절	8
Ⅱ	Pipe(원형)	2	CASE Ⅰ의 흐름 조건 상태에서 련수만 변경	8
Ⅲ	Box(직사각형)	1	암거의 8가지 흐름 유형이 모의되도록 유량, 경사 및 하류 측 수위를 조절	8
Ⅳ	Box(직사각형)	2	CASE Ⅲ의 흐름 조건 상태에서 련수만 변경	8

<표 3.29> 암거의 특성 및 흐름 조건(흐름 해석 모형 적용 대상)

(a) Case Ⅰ

항목	1	2	3	4	5	6	7	8
련수(1 또는 2)	1	1	1	1	1	1	1	1
허용수위(m)	10	10	10	10	10	10	10	10
유량(Q, m³/s)	1	1.5	1	0.8	0.1	3	5	3.5
하류수위(TWE, m)	10	10	10	2.5	50	50	20	50
Upstream invert(m)	0.02	0.02	0.1	0.1	1	0.01	0.01	1
Downstream invert(m)	0	0	0	0	0	0	0	0
경사(So, m/m)	0.002	0.002	0.01	0.01	0.1	0.001	0.001	0.1
길이(L, m)	10	10	10	10	10	10	10	10
직경(높이, D, m)	3.05	3.05	3.05	3.05	3.05	3.05	3.05	3.05
폭(B, m)	3.05	3.05	3.05	3.05	3.05	3.05	3.05	3.05
매닝계수(n)	0.013	0.013	0.013	0.013	0.013	0.013	0.013	0.013
손실계수(Ke)	0.2	0.2	0.2	0.2	0.2	0.2	0.2	0.2
CHNO	3	3	3	3	3	3	3	3
노모스케일(nomoscale)	2	2	2	2	2	2	2	2

(b) Case Ⅱ

항목	1	2	3	4	5	6	7	8
련수(1 또는 2)	1	1	1	1	1	1	1	1
허용수위(m)	10	10	10	10	10	10	10	10
유량(Q, m³/s)	0.5	1	0.1	1	0.1	1	5	3
하류수위(TWE, m)	10	10	10	10	50	50	20	50
Upstream invert(m)	0.02	0.02	0.1	0.1	1	0.01	0.01	1
Downstream invert(m)	0	0	0	0	0	0	0	0
경사(So, m/m)	0.002	0.002	0.01	0.01	0.1	0.001	0.001	0.1
길이(L, m)	10	10	10	10	10	10	10	10
직경(높이, D, m)	2.13	2.13	2.13	2.13	2.13	2.13	2.13	2.13
폭(B, m)	3.66	3.66	3.66	3.66	3.66	3.66	3.66	3.66
매닝계수(n)	0.013	0.013	0.013	0.013	0.013	0.013	0.013	0.013
손실계수(Ke)	0.7	0.7	0.7	0.7	0.7	0.7	0.7	0.7
CHNO	8	8	8	8	8	8	8	8
노모스케일(nomoscale)	3	3	3	3	3	3	3	3

암거의 흐름 해석 결과로 유입부 통제 흐름일 때 유입부 상류수위, 유출부 통제 흐름일 때 유입부 상류수위, 흐름 해석 결과로 선정된 유입부 상류수위, 상류수심의 암거의 높이(직경)에 대한 비율, 유출유속을 비교하였다(<그림 3.66>~<그림 3.70> 참고). 개발된 프로그램은 해석 결과를 소수점 넷째자리, Culvert Master는 소수점 둘째자리까지 제공하고 있으므로 두 모형을 비교한 그림은 이에 따른 오차를 포함하고 있다. 유출부 통제 가정 시 상류수위 산정 오차가 유입부 통제를 가정한 경우보다 다소 크며, 직경에 대한 상류수심의 비율도 오차가 다소 큰 것으로 산정되었으나 두 모형의 해석 결과는 거의 동일하였다. 즉, 개발된 암거 흐름 해석 프로그램은 Culvert Master와 거의 동일한 정확도를 가지고 흐름 해석을 수행할 수 있음을 알 수 있다.

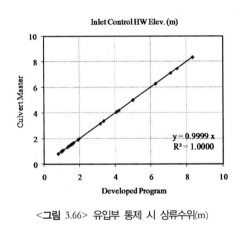

<그림 3.66> 유입부 통제 시 상류수위(m)

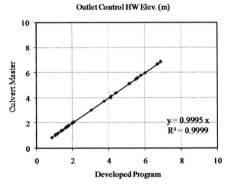

<그림 3.67> 유출부 통제 시 상류수위(m)

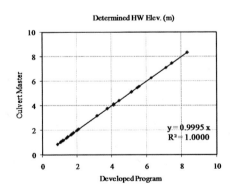

<그림 3.68> 상류수위(HWE, m)

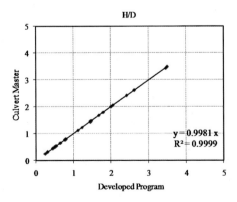

<그림 3.69> 직경에 대한 상류수심의 비율(H/D)

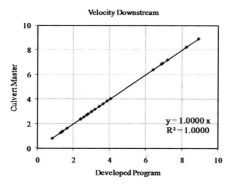

<그림 3.70> 유출유속(V_{out}, m/s)

(2) 암거의 단면규격 산정 프로그램

가. 최적 단면규격 산정 방법

검증된 암거 흐름 해석 프로그램을 기반으로 암거의 단면규격 산정 프로그램을 개발하였으며, 최적의 단면규격을 산정하는 설계과정은 다음과 같다.

우선, 주어진 조건하에서 모든 수로암거와 횡단배수관의 단면규격에 대하여 흐름 해석을 수행하고 단면규격별 상류수위(HWE), 암거 직경에 대한 상류수심의 비율(H/D), 유출유속(V_{out})을 결정한다. 이때 해석 결과로 얻어지는 HWE와 H/D가 주어진 허용치를 초과하지 않는 최소 단면규격을 설계 단면규격으로 결정하게 된다. 단, 유출유속이 2.5m/s보다 큰 경우에는 유출유속을 감소시키라는 메시지를 출력한다. 여기서 암거의 단면규격 산정 프로그램에서 현재 고려되고 있는 단면은 <표 3.30>과 <표 3.31>과 같이 수로암거는 총 26개, 중복되는 관경을 제외한 횡단배수관은 총 18개의 단면이다(8, 50).

<표 3.30> 수로암거 표준도

구분	1련 암거(B×H)	2련 암거(B×H)	3련 암거(B×H)
수로암거	2.0m×1.5m	2.0m×1.5m	2.0m×1.5m
	2.0m×2.0m	2.0m×2.0m	2.5m×2.0m
	2.5m×2.0m	2.5m×2.0m	3.0m×2.5m
	2.5m×2.5m	2.5m×2.5m	3.0m×3.0m
	3.0m×2.5m	3.0m×2.5m	3.5m×3.0m
	3.0m×3.0m	3.0m×3.0m	3.5m×3.5m
	3.5m×3.5m	3.5m×3.0m	4.0m×4.0m
	4.0m×4.0m	3.5m×3.5m	
	4.5m×4.5m	4.0m×4.0m	
	5.0m×5.0m		

<표 3.31> 횡배수관공 표준도

구분	VR관 부설	흄관 부설	비고
횡배수관공	D=800m/m D=1,000m/m D=1,200m/m	D=300m/m D=450m/m D=600m/m D=800m/m D=1,000m/m D=1,200m/m	1련, 2련, 3련

나. 암거의 단면규격 산정 프로그램 적용

암거의 단면규격 산정 프로그램을 <표 3.32>의 특성을 가진 수로암거의 단면규격 산정을 위하여 적용하였다. 프로그램 적용 결과는 단면규격별로 수행된 흐름 해석 결과, 설계조건과 비교한 결과 및 최적 단면규격을 포함하는 파일에서 확인할 수 있다(<표 3.33> 참고). 주어진 암거에 대해서는 2.0m×1.5m의 수로암거가 최적 단면으로 산정되었고 유출유속은 감소시켜야 하는 것으로 나타났다.

<표 3.32> 암거의 단면규격 산정 프로그램 적용 대상인 암거의 특성 및 흐름 조건

허용상류수위	허용 H/D	설계홍수량	하류 측 수위	경사	길이
2.73+0.64025(m)	0.7	2.728(m^3/s)	0.26(m)	0.0985	6.5(m)
조도계수	유입부손실계수	Upstream invert	Downstream invert	CHNO	Nomoscale
0.013	0.2	0.64025(m)	0.00(m)	8	3

<표 3.33> 암거의 단면규격 산정 결정

(a) 단면규격별 흐름 해석 결과

#	폭(m)	높이 (m)	련수	상류수위			흐름 유형	통제유형
				유입부 통제	유출부 통제	선정된 값		
1	2.0	1.5	1	1.5426	1.5598	0.9196	S2	ENTRANCE
2	2.0	2.0	1	1.5139	1.5598	0.9196	S2	ENTRANCE
3	2.5	2.0	1	1.3778	1.4327	0.7925	S1	ENTRANCE
4	2.5	2.5	1	1.3506	1.4327	0.7925	S1	ENTRANCE
5	3.0	2.5	1	1.2540	1.3421	0.7018	S1	ENTRANCE
6	3.0	3.0	1	1.2276	1.3421	0.7018	S1	ENTRANCE
7	3.5	3.5	1	1.1290	1.2735	0.6333	S1	ENTRANCE
8	4.0	4.0	1	1.0463	1.2196	0.5794	S1	ENTRANCE
9	4.5	4.5	1	0.9748	1.1759	0.5356	S1	ENTRANCE
10	5.0	5.0	1	0.9114	1.1396	0.4993	S1	ENTRANCE
11	2.0	1.5	2	1.1773	1.2196	0.5794	S1	ENTRANCE

12	2.0	2.0	2	1.1503	1.2196	0.5794	S1	ENTRANCE
13	2.5	2.0	2	1.0651	1.1396	0.4993	S1	ENTRANCE
14	2.5	2.5	2	1.0390	1.1396	0.4993	S1	ENTRANCE
15	3.0	2.5	2	0.9785	1.0824	0.4422	S1	ENTRANCE
16	3.0	3.0	2	0.9528	1.0824	0.4422	S1	ENTRANCE
17	3.5	3.0	2	0.9073	1.0393	0.3990	S1	ENTRANCE
18	3.5	3.5	2	0.8819	1.0393	0.3990	S1	ENTRANCE
19	4.0	4.0	2	0.8210	1.0053	0.3651	S1	ENTRANCE
20	2.0	1.5	3	1.0309	1.0824	0.4422	S1	ENTRANCE
21	2.5	2.0	3	0.9397	1.0214	0.3811	S1	ENTRANCE
22	3.0	2.5	3	0.8680	0.9778	0.3375	S1	ENTRANCE
23	3.0	3.0	3	0.8426	0.9778	0.3375	S1	ENTRANCE
24	3.5	3.0	3	0.8080	0.9448	0.3046	S1	ENTRANCE
25	3.5	3.5	3	0.7828	0.9448	0.3046	S1	ENTRANCE
26	4.0	4.0	3	0.7307	0.9189	0.2786	S1	ENTRANCE

(b) 단면규격별 설계조건 비교

#	폭(m)	높이 (m)	련수	HWE(m)	판정	H/D	판정	유출유속 (m/s)	판정
1	2.0	1.5	1	1.5598	O.K.	0.6131	O.K.	4.6548	N.G.
2	2.0	2.0	1	1.5598	O.K.	0.4598	O.K.	4.6548	N.G.
3	2.5	2.0	1	1.4327	O.K.	0.3962	O.K.	4.1969	N.G.
4	2.5	2.5	1	1.4327	O.K.	0.317	O.K.	4.1969	N.G.
5	3.0	2.5	1	1.3421	O.K.	0.2807	O.K.	3.4974	N.G.
6	3.0	3.0	1	1.3421	O.K.	0.2339	O.K.	3.4974	N.G.
7	3.5	3.5	1	1.2735	O.K.	0.1809	O.K.	2.9978	N.G.
8	4.0	4.0	1	1.2196	O.K.	0.1448	O.K.	2.6231	N.G.
9	4.5	4.5	1	1.1759	O.K.	0.119	O.K.	2.3316	O.K.
10	5.0	5.0	1	1.1396	O.K.	0.0999	O.K.	2.0985	O.K.
11	2.0	1.5	2	1.2196	O.K.	0.3862	O.K.	2.6231	N.G.
12	2.0	2.0	2	1.2196	O.K.	0.2897	O.K.	2.6231	N.G.
13	2.5	2.0	2	1.1396	O.K.	0.2497	O.K.	2.0985	O.K.
14	2.5	2.5	2	1.1396	O.K.	0.1997	O.K.	2.0985	O.K.
15	3.0	2.5	2	1.0824	O.K.	0.1769	O.K.	1.7487	O.K.
16	3.0	3.0	2	1.0824	O.K.	0.1474	O.K.	1.7487	O.K.
17	3.5	3.0	2	1.0393	O.K.	0.133	O.K.	1.4989	O.K.
18	3.5	3.5	2	1.0393	O.K.	0.114	O.K.	1.4989	O.K.
19	4.0	4.0	2	1.0053	O.K.	0.0913	O.K.	1.3115	O.K.
20	2.0	1.5	3	1.0824	O.K.	0.2948	O.K.	1.7487	O.K.
21	2.5	2.0	3	1.0214	O.K.	0.1906	O.K.	1.399	O.K.
22	3.0	2.5	3	0.9778	O.K.	0.135	O.K.	1.1658	O.K.
23	3.0	3.0	3	0.9778	O.K.	0.1125	O.K.	1.1658	O.K.

24	3.5	3.0	3	0.9448	O.K.	0.1015	O.K.	0.9993	O.K.
25	3.5	3.5	3	0.9448	O.K.	0.087	O.K.	0.9993	O.K.
26	4.0	4.0	3	0.9189	O.K.	0.0697	O.K.	0.8744	O.K.

(c) 최적 단면규격

#	폭(m)	높이(m)	련수	HWE(m)	H/D	유출유속 (m/s)
7	2.0	1.5	1	1.5598	0.6131	4.6548

제4장

현장 적용성 분석

1. 분석 대상 선정

2. 적용성 분석

3. 검토 결과

1. 분석 대상 선정

본 연구를 통하여 개발 및 수정 보완된 도로배수 설계 프로그램을 설계 실무 현장에 적용하여 프로그램을 검증하고, 현재 사용하고 있는 방법과의 비교 검토를 하기 위하여 도로 건설 현장 중에, 산지부 도로의 특성을 가진 강원도 지역 3개 현장과 도심지와 산지부가 포함되어 있는 경기도 지역 3개 현장을 조사 대상으로 선정하였으며, 현장 조사 일정과 내용은 다음 <표 4.1>과 같다.

본 연구 과제를 통하여 개발된 노면배수 설계 프로그램, 암거 단면규격 산정 프로그램을 현장에 적용하고, 현재 사용 중인 도로배수 설계 방법과의 비교 검토를 위하여 <표 4.2>와 같이 5단계의 계획을 세워 추진하였다.

<표 4.1> 적용성 검토 대상 도로건설 현장

현장 조사 일정		현장 조사 내용
기간	조사 현장	
2008.08.29	신북~용산, 철원~서면 도로 건설	- 도로 건설공사 현장의 실시설계 보고서, 수리계산서, 도면 자료 입수 - 배수시설물 위치 및 배수계통 확인 - 도로배수 설계 현장 사진 자료 구축
2008.08.31	장흥~송추 도로 건설	
2008.09.05	성남~장호원 도로 건설	
2008.09.09	신동~가사, 가사~문곡 도로 건설	

전국에 대해 개발된 분 단위 강우강도식은 중부지역에 115개 강우관측소와 남부지역에 72개 강우관측소에 해당하며, 우선적으로 중부지역의 도로 건설 시공 현장을 적용성 검토 대상으로 선정하였으며, 검토 대상으로 선정된 도로 건설 현장은 비교적 최근에 설계가 완료된 강원도 지역의 3개 현장과 경기도 지역의 3개 현장으로서, 개략적인 현황은 다음 <표 4.3>과 같다.

<표 4.2> 개발 프로그램 적용성 검토 일정

구분	내용	적용성 검토 추진 일정					
		01	02	03	04	05	06
실무 검증 대상 현장 선정	○ 적용성 검토는 설계 완료된 도로건설현장 선정 - 신북~용산, - 철원~서면, - 장흥~송추, - 성남~장호원, - 신동~가사, - 가사~문곡	■					
자료 입수·현장 출장	○ 기 설계 자료 분석 및 개발 프로그램의 적용을 위한 검증 대상의 설계 자료 입수 - 도로배수 설계 관련 도면, 수리 계산서 - 기타 분석에 필요한 자료 ○ 도로 건설 현장 출장 - 도로 감리 6개 현장 출장, 배수시설물 조사		■	■			
기존 설계자료 분석	○ 검증 대상 구간의 입수된 설계 자료를 분석 - 노면배수 설계의 도수로 설치 간격 검토 - 횡단배수시설 단면 규격 검토				■		
개발 프로그램 적용	○ 기 개발된 설계 프로그램(fortran)을 검증 대상 구간 적용 - 노면배수 설계의 도수로 설치 간격 검토 - 암거 단면 규격 검토					■	■
비교 검토	○ 기존 설계 분석 결과와 개발 프로그램의 적용 결과를 비교 및 검토 - 수리계산서와 개발 프로그램 적용 결과 비교						■

<표 4.3> 적용성 검토 대상 현장 현황

공사명	도로 연장 (km)	배수시설		수리·수문		
		노면배수	횡단배수	관측소	설계빈도	강우강도(mm/hr)
신북~용산	7.6	L형 측구: Type1~4 성토부 도수로, 집수정	배수관: 25개소 배수암거: 7개소	춘천	노면배수: 10년 횡단배수: 25년	노면배수: 119.4 횡단배수: 141.2
성남~장호원	10.9	L형 측구: Type1~4 성토부 도수로, 집수정	배수관: 25개소 배수암거: 3개소	서울	노면배수: 5년 횡단배수: 25년	노면배수: 137.0 횡단배수: 185.0
철원~서면	6.9	L형 측구: Type1~4 성토부 도수로, 집수정	배수관: 34개소 배수암거: 8개소	철원	노면배수: 10년 횡단배수: 50년	노면배수: 100.0 횡단배수: 135.0
신동~가사	5.2	L형 측구: Type1~4 성토부 도수로, 집수정	배수관: 15개소 배수암거: 1개소	정선	노면배수: 5년 횡단배수: 25년	노면배수: 92.0 횡단배수: 118.0
가사~문곡	4.6	L형 측구: Type1~4 성토부 도수로, 집수정	배수관: 19개소 배수암거: 8개소	정선	노면배수: 5년 횡단배수: 25년	노면배수: 92.0 횡단배수: 118.0
장흥~송추	8.4	L형 측구: Type1~4 성토부 도수로, 집수정	배수관: 7개소 배수암거: 4개소	서울	노면배수: 5년 횡단배수: 25년	노면배수: 124.0 횡단배수: 186.0

국내 강원도와 경기도 지역의 6개 구간의 도로 건설공사에 대하여 현장 출장을 수행한 결과, 강원도 지역 일대는 지형이 험하고 지반 표고가 높은 전형적인 산악지 도로의

지형적 특성을 여실히 보여주었고, 경기도 지역 일대는 산지와 도심지가 혼합되어 있는 지형적 특성을 가지고 있는 것으로 나타났다. 다음 <표 4.4>는 적용성 검토 현장 조사 6개 구간 현장의 성토부 및 절토부 도로 연장과 교량 및 터널의 개수, 연장을 파악한 것이다.

<표 4.4> 현장별 시설물 연장

공사명	도로(km)						교량(km)		터널(km)	
	총 연장	성토부		절토부			개소	연장	개소	연장
신북~용산	7.6	좌측	3.69	좌측	2.08		11	0.78	-	-
		우측	3.84	우측	2.10					
성남~장호원	10.9	좌측	2.89	좌측	2.86		4	0.70	3	1.60
		우측	3.74	우측	2.66					
철원~서면	6.9	좌측	4.44	좌측	1.53		4	4.62	-	
		우측	3.95	우측	1.18					
신동~가사	5.2	좌측	3.32	좌측	2.94		8	0.53	-	-
		우측	4.28	우측	1.41					
가사~문곡	4.6	좌측	6.06	좌측	4.16					
		우측	5.95	우측	2.45					
장흥~송추	8.4	좌측	2.63	좌측	1.73		5	1.31	2	2.50
		우측	2.29	우측	1.19					

적용성 검토의 범위로서, 국내 도로 건설 6개 현장에 대하여 현황 조사를 배수시설물별로 완료하였으며, 현재 사용 중인 방법과 개발된 도로배수 설계 방법으로 노면배수시설의 설치 간격과 횡단배수시설의 단면 규격을 검토하였다. 노면배수시설에서는 성토부 도수로(집수거) 설치 간격과 절토부 집수정 설치 간격을 적용성 검토 범위로 설정하였으며, 횡단배수시설(암거 및 배수관)은 횡단 암거 및 횡단 배수관의 단면 규격 결정을 검토 범위로 설정하였다.

2. 적용성 분석

1) 현재 설계 방법

(1) 강우강도

노면배수시설물 및 일반구조물의 설계를 위한 유출량 산출에는 한국 확률강우량도 작성(5)에 제시된 강우강도표가 이용되고 있으며, 도로배수시설 설계에서는 도달시간을 10분으로 가정하여 지속시간 10분에 대한 강우강도를 설계 강우강도로 적용하고 있다. 이 때 재현기간은 배수시설의 유형에 따라 정해지며 본 연구에서 선정한 대상 현장의 배수시설별 설계 강우강도는 <표 4.5>와 같다.

(2) 횡단배수시설

가. 횡단배수시설

도로의 횡단배수시설은 도로를 횡단하는 소하천 또는 수로를 위한 시설로서 도로본체의 보존과 도로 인접지의 호우에 대한 피해를 적절히 방지하기 위해 설치하는 원형관(Pipe), 구형관(Box) 등의 배수구조물을 말한다.

<표 4.5> 대상 현장의 배수시설별 재현기간 및 설계 강우강도

번호	대상 현장	강우관측소	배수시설	재현기간(설계빈도)	설계 강우강도(mm/hr)
1	신북~용산	춘천	노면배수	10년	119.4
			횡단배수	25년	141.2
2	성남~장호원	서울	노면배수	5년	137.0
			횡단배수	25년	185.0
3	철원~서면	철원	노면배수	10년	100.0
			횡단배수	50년	135.0
4	가사~문곡	정선	노면배수	5년	92.0
			횡단배수	25년	118.0
5	신동~가사	정선	노면배수	5년	92.0
			횡단배수	25년	118.0
6	방산~하중	인천	노면배수	10년	125.0
			횡단배수	25년	145.0
7	장흥~송추	서울	노면배수	5년	124.0
			횡단배수	25년	186.0

나. 설계홍수량 산정

설계홍수량 산정은 유역 크기에 따라 합리식(rational method), 합성단위도법 등을 이용하나, 도로배수유역과 같이 소규모 유역인 경우 주로 합리식을 이용한다. 주어진 설계 강우강도, 유출계수, 유역면적을 이용하여 설계홍수량을 산정하게 된다.

다. 암거의 단면 규격 산정

기존 설계방법에 따르면 설계 실무자는 암거의 단면 규격을 적절히 가정하고 도표 또는 도식을 이용하여 유입부 통제(유입부 조절) 및 유출부 통제(유출부 조절)에 대한 상류부 수위를 산정한 후 큰 값을 조정된 상류부 수위로 결정한다. 이때 조정된 상류부 수위가 허용 수위를 초과하지 않으면 설계를 완료하고 초과하면 암거의 단면 규격을 다시 가정하여 위의 과정을 반복한다.

(3) 노면배수시설

가. 노면배수시설

도로의 노면배수시설은 강우 시 교통안전을 도모하기 위해 노면 및 비탈면에 내린 빗물을 원활히 배수하기 위한 길어깨 및 중앙분리대 등의 표면 배수시설로 노면 및 비탈면의 배수를 위해 길어깨에 설치하는 L형 측구, 집수정, 성토부(흙쌓기부) 도수로, 배수구 등의 배수구조물이다.

나. 설계홍수량 산정

횡단배수시설과 동일한 방법으로 합리식을 이용하여 산정한다.

다. 성토부 도수로 및 절토부 집수정 설치 간격 산정

등류 해석을 기반으로 수로 내에 최대 유량이 흐른다고 가정하고 설계한다. 노면이나 절토부로부터 유입되는 유량은 수로의 최대 통수능(허용 수심과 Manning의 평균 유속 공식을 이용하여 산정)과 같다고 보고 설치 간격을 결정한다.

2) 개선 방법

(1) 강우강도

현재 노면배수시설물 및 일반구조물의 설계를 위한 유출량 산출에는 한국 확률강우량도 작성(5)에 제시된 강우강도표를 이용한다. 주어진 강우지역의 설계홍수량은 홍수도달시간(유역면적 내 우수가 내려 배수시설까지 도달하는 시간)과 강우지속시간이 같아지는 홍수량으로 결정해야 하지만, 한국 확률강우량도의 최소지속시간은 10분(0.166hr)이기 때문에 도로배수시설물의 설계에서는 도달시간을 10분으로 가정하여 설계 강우 및 설계홍수량을 산정하고 있다.

본 연구에서는 도달시간이 10분 이하일 가능성이 높은 도로배수유역에 대한 배수시설물의 설계를 위하여 최소지속시간 10분의 설계 강우를 적용하지 않고 Random Cascade 모형을 적용하여 유도된 분 단위 강우강도식의 매개변수를 이용하여 설계 강우 및 설계홍수량을 시산적으로 결정한다.

<표 4.6>~<표 4.10>은 해당 현장의 적용성 검토를 위해 본 연구에 적용한 지점별 분단위 강우강도 매개변수이다.

<p style="text-align:center"><<strong>표</strong> 4.6> 분 단위 강우강도식(춘천)</p>

재현기간	매개변수	단기간(1~4분)				장기간(4~60분)			
		Talbot	Sherman	Japanese	Semi-log	Talbot	Sherman	Japanese	Semi-log
5년	a	1238.3580	491.9576	446.2939	484.1418	2092.9010	571.9615	325.4798	318.1013
	b	1.5380	0.5385	-0.0931	-435.1269	5.1382	0.6437	-0.6164	-165.5789
	결정계수	0.9965	0.9988	0.9987	0.9949	0.9986	0.9981	0.9965	0.9829
10년	a	1425.9860	563.5161	513.5748	554.4315	2391.2310	663.0966	372.7912	367.1153
	b	1.5515	0.5364	-0.0891	-496.4644	5.0514	0.6475	-0.6257	-191.5248
	결정계수	0.9958	0.9986	0.9986	0.9941	0.9986	0.9978	0.9960	0.9827
20년	a	1606.8640	635.2823	578.6382	624.9968	2686.9180	747.4824	418.8694	413.4081
	b	1.5504	0.5366	-0.0897	-559.6878	5.0372	0.6486	-0.6278	-215.8883
	결정계수	0.9954	0.9984	0.9983	0.9937	0.9987	0.9977	0.9959	0.9829
25년	a	1654.1890	653.3232	595.6827	642.7692	2748.7200	771.1959	428.9195	425.3619
	b	1.5530	0.5362	-0.0887	-575.3374	4.9844	0.6506	-0.6345	-222.3254
	결정계수	0.9955	0.9985	0.9985	0.9939	0.9987	0.9978	0.9959	0.9828
30년	a	1716.3530	677.5600	618.1650	666.7488	2847.5110	799.7878	444.4861	441.0038
	b	1.5542	0.5361	-0.0880	-597.0065	4.9799	0.6510	-0.6346	-230.6055
	결정계수	0.9958	0.9985	0.9984	0.9942	0.9987	0.9976	0.9958	0.9828
50년	a	1835.2570	730.8649	660.9875	718.7971	3061.1360	861.0529	477.7489	474.5442
	b	1.5317	0.5393	-0.0962	-645.6898	4.9741	0.6515	-0.6357	-248.2601
	결정계수	0.9950	0.9982	0.9982	0.9932	0.9988	0.9976	0.9957	0.9830

<p style="text-align:center"><<strong>표</strong> 4.7> 분 단위 강우강도식(서울)</p>

재현기간	매개변수	단기간(1~4분)				장기간(4~60분)			
		Talbot	Sherman	Japanese	Semi-log	Talbot	Sherman	Japanese	Semi-log
5년	a	763.2889	449.8885	280.6307	438.1365	2053.791	356.211	294.0348	223.7693
	b	0.70314	0.70754	-0.37766	-472.063	8.56847	0.54046	-0.26353	-108.354
	결정계수	0.99875	0.99986	0.99955	0.99013	0.98872	0.99885	0.99933	0.97858
10년	a	889.8395	557.3643	328.0039	541.5812	2352.802	427.8758	339.5074	265.3597
	b	0.60146	0.73673	-0.41316	-597.969	8.09444	0.54807	-0.31634	-128.7
	결정계수	0.99875	0.99988	0.99972	0.98861	0.98646	0.9978	0.99868	0.97428
20년	a	1017.873	659.2994	375.8134	639.9225	2639.288	497.817	382.5346	305.6328
	b	0.54812	0.75342	-0.43164	-716.333	7.74471	0.55407	-0.3587	-148.418
	결정계수	0.99879	0.9998	0.9996	0.98792	0.98436	0.99661	0.99792	0.97065
25년	a	1057.483	690.9648	390.5724	670.5258	2730.702	518.095	396.3678	317.5828
	b	0.53456	0.75787	-0.43639	-753.44	7.68515	0.55485	-0.36458	-154.207
	결정계수	0.99889	0.99985	0.99962	0.98798	0.98395	0.99638	0.99777	0.96986
30년	a	1093.265	719.2856	403.9132	697.9031	2805.733	537.2894	407.9834	328.5435
	b	0.52394	0.76141	-0.44009	-786.554	7.59721	0.55634	-0.374	-159.588
	결정계수	0.99895	0.99986	0.9996	0.98799	0.98357	0.99612	0.99761	0.96905
50년	a	1182.94	791.0829	437.3523	767.0956	3017.656	584.6732	439.608	356.3766
	b	0.49901	0.76963	-0.44881	-870.082	7.48228	0.55797	-0.38743	-173.08
	결정계수	0.99896	0.99986	0.99962	0.9876	0.98253	0.99548	0.99718	0.96736

<표 4.8> 분 단위 강우강도식(철원)

재현기간	매개변수	단기간(1~4분)				장기간(4~60분)			
		Talbot	Sherman	Japanese	Semi-log	Talbot	Sherman	Japanese	Semi-log
5년	a	579.4232	347.0311	212.9758	336.5475	1922.275	273.4802	267.9786	180.9138
	b	0.67404	0.71238	-0.38892	-361.242	10.64915	0.50499	-0.0266	-86.0949
	결정계수	0.99556	0.99854	0.9997	0.98245	0.99319	0.99998	0.99998	0.98795
10년	a	675.9771	435.6793	249.3685	421.6398	2180.966	330.9591	306.9897	215.3968
	b	0.55443	0.74838	-0.4302	-467	9.93862	0.51659	-0.10436	-103.177
	결정계수	0.99644	0.99873	0.99985	0.98197	0.99241	0.99998	1	0.98563
20년	a	817.0151	561.3081	302.3348	542.2636	2558.329	412.6889	363.6462	264.4064
	b	0.45742	0.78104	-0.46382	-616.974	9.29282	0.52748	-0.1745	-127.359
	결정계수	0.99722	0.99894	0.99992	0.98174	0.99155	0.99983	0.99994	0.98304
25년	a	962.0006	680.691	356.4617	656.9226	2903.685	495.3764	416.185	312.7902
	b	0.41464	0.79632	-0.47876	-756.182	8.73251	0.53773	-0.23702	-151.459
	결정계수	0.9974	0.99894	0.99995	0.98124	0.99086	0.99961	0.99986	0.98081
30년	a	1002.025	720.4084	371.5662	694.9517	3025.462	518.9437	434.1808	327.2284
	b	0.39209	0.8048	-0.48663	-805.244	8.67881	0.53868	-0.24211	-158.531
	결정계수	0.99759	0.999	0.99996	0.98122	0.99088	0.9996	0.99986	0.98061
50년	a	1039.334	752.2606	385.5113	725.368	3115.807	541.2574	447.9309	340.1466
	b	0.3826	0.80816	-0.48998	-842.238	8.55486	0.54096	-0.25637	-164.954
	결정계수	0.99748	0.99891	0.99996	0.98071	0.9906	0.99951	0.99982	0.97996

<표 4.9> 분 단위 강우강도식(인천)

재현기간	매개변수	단기간(1~4분)				장기간(4~60분)			
		Talbot	Sherman	Japanese	Semi-log	Talbot	Sherman	Japanese	Semi-log
5년	a	1151.728	664.2335	423.4916	650.3932	2453.327	536.1561	367.0582	317.1002
	b	0.74313	0.70057	-0.3624	-703.563	6.54723	0.5851	-0.47319	-157.423
	결정계수	0.99993	0.99843	0.99655	0.99692	0.99091	0.99884	0.99972	0.97347
10년	a	1343.835	797.1577	494.7632	779.992	2838.123	637.1271	426.8032	374.0508
	b	0.69437	0.71417	-0.37932	-854.194	6.33309	0.59024	-0.49617	-186.123
	결정계수	0.99986	0.99838	0.99637	0.99658	0.99087	0.9987	0.99968	0.97246
20년	a	1530.495	923.4857	563.8193	902.926	3200.28	735.4731	483.4239	428.9955
	b	0.66539	0.72227	-0.38957	-995.285	6.14898	0.59471	-0.51603	-213.861
	결정계수	0.99991	0.99864	0.99666	0.99618	0.99076	0.99855	0.99962	0.97148
25년	a	1590.606	962.3092	586.0804	940.9857	3315.744	765.3721	501.2921	445.8863
	b	0.66101	0.72371	-0.39101	-1038.94	6.11587	0.59561	-0.51952	-222.386
	결정계수	0.99986	0.99849	0.99644	0.99628	0.99081	0.99854	0.99962	0.97139
30년	a	1639.549	996.1008	604.2078	973.8458	3413.811	791.1068	516.4106	460.371
	b	0.65395	0.72572	-0.3935	-1076.92	6.08562	0.59637	-0.52312	-229.678
	결정계수	0.99987	0.99855	0.9965	0.99617	0.99076	0.99851	0.99961	0.97122
50년	a	1778.74	1086.996	655.7177	1062.75	3675.372	862.238	557.5495	500.0777
	b	0.64434	0.72875	-0.39677	-1178.81	5.99138	0.59873	-0.53245	-249.754
	결정계수	0.99981	0.99839	0.99625	0.99626	0.99083	0.99846	0.99958	0.97079

<표 4.10> 분 단위 강우강도식(정선1)

재현기간	매개변수	단기간(1~4분)				장기간(4~60분)			
		Talbot	Sherman	Japanese	Semi-log	Talbot	Sherman	Japanese	Semi-log
5년	a	1019.024	402.3004	367.2639	396.1406	1842.357	443.4781	282.1425	256.0412
	b	1.55416	0.53629	-0.08719	-355.426	5.9247	0.61118	-0.52259	-130.34
	결정계수	0.99682	0.99854	0.99844	0.9955	0.99642	0.99851	0.99777	0.98032
10년	a	1156.54	474.808	417.8271	467.3694	2179.809	504.7291	331.7332	294.6731
	b	1.45528	0.55159	-0.12009	-428.179	6.19903	0.60238	-0.49202	-149.23
	결정계수	0.99779	0.99879	0.99858	0.9962	0.99597	0.99855	0.99796	0.98057
20년	a	1288.562	546.67	466.178	537.6254	2494.743	566.5328	378.1953	332.5166
	b	1.37516	0.56451	-0.14754	-500.287	6.33597	0.59779	-0.47845	-167.842
	결정계수	0.99771	0.99891	0.99869	0.99565	0.99564	0.99879	0.99833	0.9805
25년	a	1344.655	565.071	486.3936	555.9946	2593.011	586.2775	392.6214	344.5095
	b	1.39811	0.56083	-0.13937	-515.413	6.36887	0.59684	-0.47568	-173.793
	결정계수	0.99809	0.99893	0.99867	0.99628	0.99568	0.99893	0.9985	0.98065
30년	a	1382.127	583.2206	500.0989	573.8549	2677.977	602.2762	405.1272	354.4319
	b	1.38815	0.56251	-0.14263	-533.188	6.40742	0.59563	-0.4715	-178.656
	결정계수	0.99824	0.99895	0.99867	0.99642	0.99559	0.99895	0.99853	0.98064
50년	a	1493.209	631.4604	540.4081	621.3511	2904.227	647.9383	438.4371	382.0986
	b	1.38295	0.5634	-0.14427	-578.103	6.46633	0.5938	-0.46653	-192.338
	결정계수	0.99838	0.99896	0.99866	0.99659	0.9955	0.99914	0.99879	0.98069

(2) 횡단배수시설

가. 횡단배수시설

본 연구에서 적용한 횡단배수시설은 원형 관과 구형 암거로 한정하였으며, 설계빈도는 25년, 50년으로 설계되었다.

나. 설계홍수량 산정

설계홍수량 산정은 유역 크기에 따라 합리식(rational method), 합성단위도법 등을 이용하나, 도로배수유역과 같이 소규모 유역인 경우 주로 합리식을 이용한다. 본 연구에서는 수리학적 모형인 운동파 모형(kinematic wave method)을 기반으로 유출 모의를 수행하고, 임계지속시간을 시산적으로 찾아 설계홍수량을 산정하는 표면 박류 유출 모형을 이용하여 설계홍수량을 산정할 수 있다. 그러나 수리계산서에는 모형을 적용에 필요한 정보가 부족하기 때문에 일부 입력변수를 가정하여야 한다. 따라서 표면 박류 유출 모형을 이용하여 설계홍수량을 산정하기 위해서 일부 입력변수를 가정하였으며, 지표요소 및 주수로요소의 표면을 자연 상태로 고려하여 조도계수를 크게 설정하였다.

<표 4.11> 적용성 검토 대상 현장의 횡단배수시설

도로 건설 현장	도로 연장	수문관측소	설계빈도(연)	배수시설 개소 수(개)
신북~용산	7.6km	춘천	25	Box 7, Pipe 25
성남~장호원	10.9km	서울	25	Box 3, Pipe 25
철원~서면	6.9km	철원	50	Box 8, Pipe 34
가사~문곡	4.6km	정선	25	Box 8, Pipe 19
방산~하중	5.5km	인천	25	Box 6, Pipe 10
장흥~송추	8.4km	서울	25	Box 4, Pipe 7
신동~가사	5.2km	정선	25	Box 1, Pipe 15

기존 설계방법에서는 모든 배수유역에 대하여 도달시간을 10분으로 가정하기 때문에 설계 강우강도는 고정된 값을 가지지만, 표면 박류 유출 모형에서는 임계지속시간을 시산적으로 찾아 결정하므로 배수유역의 특성에 따라 설계 강우강도 및 그에 대한 지속시간이 달라진다. 이에 대한 결과는 <그림 4.2>에 제시하였다.

<표 4.12> 설계홍수량 산정을 위한 입력변수의 추정방법 및 가정 값

대상요소	입력변수	추정방법 또는 가정 값	비고
지표요소 1, 2	유역 폭(m)	유역면적/유달거리/2	
	유역경사(m/m)	표고차/유달거리	
	조도계수	0.07	가정
주수로요소	길이(m)	유달거리	
	경사(m/m)	표고차/유달거리	
	조도계수	0.05	가정
	단면형상	사다리꼴	가정
	단면 측면경사(z_1, z_2)	2	가정
	단면 폭(m)	4	가정

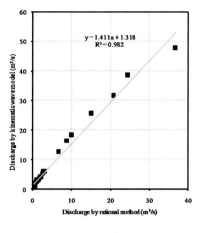

<그림 4.1> 설계홍수량 비교

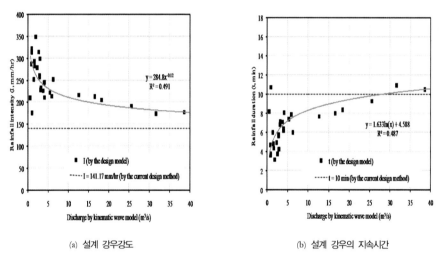

(a) 설계 강우강도   (b) 설계 강우의 지속시간

<그림 4.2> 설계홍수량별 설계 강우강도 및 지속시간(표면 박류 유출 모형)

다. 암거의 단면 규격 산정

기존 방법은 도표 또는 도식을 이용하여 설계하며 본 연구에서 암거의 단면 규격 산정 프로그램은 암거 내 흐름을 모두 계산하여 설계한다. 개발된 프로그램의 적용 결과를 대상 현장의 설계 결과와 비교·검토한다.

(3) 노면배수시설

가. 노면배수시설

강우 시 교통안전을 도모하기 위해 노면 및 비탈면에 내린 빗물을 원활히 배수하기 위한 길어깨 및 중앙분리대 등의 표면 배수시설로 노면 및 비탈면의 배수를 위해 길어깨에 설치하는 L형 측구, 집수정, 흙쌓기부 도수로, 배수구 등의 배수구조물이며, 5년 및 10년의 설계 빈도로 설계되었다.

나. 설계홍수량 산정

수리계산서에는 횡단배수시설과 동일하게 합리식으로 산정한다. 본 연구에서도 우선 합리식을 적용하여 설계홍수량을 산정하며, 이는 노면배수시설의 유출구 간격을 산정하는 설계 프로그램 내에 포함되어 있다. 기존 방법에서 설계 강우강도는 10분 지속시간에 대한 값을 이용하나, 본 연구에서 개발된 노면배수시설의 설계 프로그램에서는 설계 강우강도 및 설계홍수량을 임계지속시간을 찾아 결정한다. 이때 설계 강우강도는 시설의 유형, 도로 종단경사, 길어깨 횡단경사에 따라 달라진다.

다. 노면배수시설 설치 간격 산정

기 개발된 노면배수설계 프로그램 중 임계지속시간을 시산적으로 찾아 설계홍수량을 산정하고 수로 흐름을 부등류 흐름으로 해석하여 설계하는 프로그램을 적용한 결과를 수리계산서상의 등류 해석을 기반으로 한 설계 결과와 비교·검토한다.

다음 <표 4.13>은 노면배수시설 설치 간격 산정을 위해 필요한 입력 자료와 적용성 검토 현장별 노면배수시설물의 프로그램 적용 조건들을 나타내었다.

<표 4.13> 배수시설 설치 간격 산정 입력 자료

도로 구간 구분	- 본선 직선구간 - 본선 곡선구간(내측, 외측) - I.C 내측 구간(직선부, 곡선부)
입력 자료 종류	- 도로 종단 경사(%) - 유출계수, - 측구 효율 - 통수면 - 폭(도로 폭원, 길어깨, L형 측구 저판폭) - 횡단경사(도로 노면, 길어깨, L형 측구)

<표 4.14> 신북~용산 현장의 노면배수시설물

구분		범위	종단경사(%)(수)	횡단경사(%)(수)	절개부폭원(m)(수)	형식
성토부 도수로 설치 간격	본선	표준구간	0.3~8.5(18)	2~6(5)	해당사항 없음	Dike 3
		곡선부 내측 구간	0.3~8.5(18)	2~6(5)	해당사항 없음	Dike 3
		곡선부 외측 구간	0.3~8.5(18)	2~6(5)	해당사항 없음	Dike 3
	I/C	1방향 1차로 내측 구간	0.3~8.5(18)	2~6(5)	해당사항 없음	Dike 3
		2방향 2차로 표준구간	0.3~8.5(18)	2~6(5)	해당사항 없음	Dike 3
		2방향 2차로 내측 구간(곡선부)	0.3~8.5(18)	2~6(5)	해당사항 없음	Dike 3
절토부 집수정 설치 간격	본선	표준구간	0.3~8.5(18)	2~6(5)	15,25,35(3)	L1
		내측 구간	0.3~8.5(18)	2~6(5)	15,25,35(3)	L1
		외측 구간	0.3~8.5(18)	2~6(5)	15,25,35(3)	L1
		표준구간	0.3~8.5(18)	2~6(5)	15,25,35(3)	L2
		내측 구간	0.3~8.5(18)	2~6(5)	15,25,35(3)	L2
		외측 구간	0.3~8.5(18)	2~6(5)	15,25,35(3)	L2

<표 4.15> 성남~장호원 현장의 노면배수시설물

구분		범위		종단경사(%) (수)	횡단경사(%) (수)	절개부폭원(m)(수)	형식
성토부 도수로 설치 간격	본선	표준구간 및 곡선부 내측 구간	2차로	0.3~5.0 (11)	2~8 (7)	해당사항 없음	Dike 3
			3차로	0.3~5.0 (11)	2~8 (7)	해당사항 없음	Dike 3
			3차로+연결로 접속	0.3~5.0 (11)	2~8 (7)	해당사항 없음	Dike 3
		표준구간 및 곡선부 외측 구간		0.3~5.0 (11)	2~8 (7)	해당사항 없음	Dike 3
	I/C	1방향 1차로 (표준구간 및 곡선부 내측 구간)		0.3~5.0 (11)	2~8 (7)	해당사항 없음	Dike 3
		2방향 1차로 구간		0.3~5.0 (11)	2~8 (7)	해당사항 없음	Dike 3
		2방향 2차로 구간		0.3~5.0 (11)	2~8 (7)	해당사항 없음	Dike 3
절토부 집수정 설치 간격	본선	표준구간 및 곡선부 내측 구간 (본선2차로)		0.3~4.0 (9)	2~6 (5)	15,25,35,45,55,65,75(7)	L1
		표준구간 및 곡선부 내측 구간 (본선3차로)		0.3~4.0 (9)	2~6 (5)	15,25,35,45,55,65,75(7)	L1
		본선 3차로+연결로 접속		0.3~4.0 (9)	2~6 (5)	15,25,35,45,55,65,75(7)	L1
	I/C	1방향 1차로		0.3~4.0 (9)	2~8 (7)	15,25,35,45,55,65,75(7)	L1
		2방향 1차로 구간		0.3~4.0 (9)	2~8 (7)	15,25,35,45,55,65,75(7)	L1
		2방향 2차로 구간		0.3~4.0 (9)	2~8 (7)	15,25,35,45,55,65,75(7)	L1

<表 4.16> 철원~서면 현장의 노면배수시설물

구분		범위	종단경사(%) (수)	횡단경사(%) (수)	절개부폭원(m)(수)	형식
성토부 도수로 설치 간격	본선	표준구간	0.3~6.0 (15)	2~6 (5)	해당사항 없음	Dike 3
		곡선부 내측 구간	0.3~6.0 (15)	2~6 (5)	해당사항 없음	Dike 3
절토부 집수정 설치 간격	본선	표준구간	0.3~6.0 (15)	2~6 (5)	5,10,15,20 (4)	L1
		곡선부 내측 구간	0.3~6.0 (15)	2~6 (5)	5,10,15,20 (4)	L1
		곡선부 외측 구간	0.3~11.5 (26)	2 (1)	5,10,15,20 (4)	L1

<표 4.17> 가사~문곡 현장의 노면배수시설물

구분		범위	종단경사(%) (수)	횡단경사(%) (수)	절개부폭원(m) (수)	형식
성토부 도수로 설치 간격	본선구간	표준구간	0.5~8.0 (16)	2~8 (7)	해당사항 없음	Dike 3
		곡선부 내측 구간	0.5~8.0 (16)	2~8 (7)	해당사항 없음	Dike 3
		곡선부 외측 구간	0.5~8.0 (16)	2~8 (7)	해당사항 없음	Dike 3
	연결로 (I.C)구간	곡선부 내측 구간	0.5~8.0 (16)	2~8 (7)	해당사항 없음	Dike 3
		곡선부 외측 구간	0.5~8.0 (16)	2~8 (7)	해당사항 없음	Dike 3
절토부 집수정 설치 간격	본선구간	표준구간	0.5~8.0 (16)	2~8 (7)	10,15,20,25,30(5)	L1
		곡선부 내측 구간	0.5~8.0 (16)	2~8 (7)	10,15,20,25,30(5)	L1
		곡선부 외측 구간	0.5~8.0 (16)	2~8 (7)	10,15,20,25,30(5)	L1
	연결로 (I.C)구간	곡선부 내측 구간	0.5~8.0 (16)	2~8 (7)	10,15,20,25,30(5)	L1
		곡선부 외측 구간	0.5~8.0 (16)	2~8 (7)	10,15,20,25,30(5)	L1
절토부 집수정 설치 간격	본선구간	표준구간	0.5~8.0 (16)	2~8 (7)	10,15,20,25,30(5)	L2
		곡선부 내측 구간	0.5~8.0 (16)	2~8 (7)	10,15,20,25,30(5)	L2
		곡선부 외측 구간	0.5~8.0 (16)	2~8 (7)	10,15,20,25,30(5)	L2
	연결로 (I.C)구간	곡선부 내측 구간	0.5~8.0 (16)	2~8 (7)	10,15,20,25,30(5)	L2
		곡선부 외측 구간	0.5~8.0 (16)	2~8 (7)	10,15,20,25,30(5)	L2

<표 4.18> 신동~가사 현장의 노면배수시설물

구분		범위	종단경사(%)(수)	횡단경사(%)(수)	절개부폭원(m)(수)	형식
성토부 도수로 설치 간격	본선구간	표준구간	0.5~8.0 (16)	2~8 (7)	해당사항 없음	Dike 3
		곡선부 내측 구간	0.5~8.0 (16)	2~8 (7)	해당사항 없음	Dike 3
		곡선부 외측 구간	0.5~8.0 (16)	2~8 (7)	해당사항 없음	Dike 3
	연결로 (I.C)구간	곡선부 내측 구간	0.5~8.0 (16)	2~8 (7)	해당사항 없음	Dike 3
		곡선부 외측 구간	0.5~8.0 (16)	2~8 (7)	해당사항 없음	Dike 3
절토부 집수정 설치 간격	본선구간	표준구간	0.5~8.0 (16)	2~8 (7)	10,15,20,25,30(5)	L1
		곡선부 내측 구간	0.5~8.0 (16)	2~8 (7)	10,15,20,25,30(5)	L1
		곡선부 외측 구간	0.5~8.0 (16)	2~8 (7)	10,15,20,25,30(5)	L1
	연결로 (I.C)구간	곡선부 내측 구간	0.5~8.0 (16)	2~8 (7)	10,15,20,25,30(5)	L1
		곡선부 외측 구간	0.5~8.0 (16)	2~8 (7)	10,15,20,25,30(5)	L1

절토부 집수정 설치 간격	본선구간	표준구간	0.5~8.0 (16)	2~8 (7)	10,15,20,25,30(5)	L2
		곡선부 내측 구간	0.5~8.0 (16)	2~8 (7)	10,15,20,25,30(5)	L2
		곡선부 외측 구간	0.5~8.0 (16)	2~8 (7)	10,15,20,25,30(5)	L2
	연결로 (I.C)구간	곡선부 내측 구간	0.5~8.0 (16)	2~8 (7)	10,15,20,25,30(5)	L2
		곡선부 외측 구간	0.5~8.0 (16)	2~8 (7)	10,15,20,25,30(5)	L2

<표 4.19> 장흥~송추 현장의 노면배수시설물

구분	범위		도로폭(m)/ 통수면폭 (m)	종단경사(%) (수)	횡단경사(%) (수)	절개부폭원 (m)(수)	형식
성토부 도수로 설치 간격	본선구간	표준구간	9	0.5~7.0 (15)	1~6 (6)	해당 없음	L형, T형 집수거
			11.7	0.5~7.0 (15)	1~6 (6)	해당 없음	L형, T형 집수거
			26	0.5~7.0 (15)	1~6 (6)	해당 없음	L형, T형 집수거
	연결로 (I.C)구간	양방향	7.6	0.3~8.0 (17)	4~8 (5)	해당 없음	L형, T형 집수거
			7.35	0.3~8.0 (17)	4~8 (5)	해당 없음	L형, T형 집수거
		분리구간		0.3~8.0 (17)	4~8 (5)	해당 없음	L형, T형 집수거
절토부 집수정 설치 간격	본선·분리 구간	표준&곡선 내측	2	0.5~3.0 (7)	4~6 (3)	15,25,35,45(4)	L1
			3	0.5~3.0 (7)	4~6 (3)	15,25,35,45(4)	L1
		곡선부 외측 구간	해당 없음	0.5~3.0 (7)	1~4 (4)	15,25,35,45(4)	L1
	연결로 (I.C)구간	양방향	표준&곡 선 내측	2	0.5~8.0 (17)	4~8 (5)	15,25,35,45(4)	L1
			3	0.5~8.0 (17)	4~8 (5)	15,25,35,45(4)	L1
		일방향	표준&곡 선 내측	2	0.5~8.0 (17)	4~8 (5)	15,25,35,45(4)	L1
			3	0.5~8.0 (17)	4~8 (5)	15,25,35,45(4)	L1

<표 4.20> 적용성 검토 대상 노면배수시설물 기하 특성

대상 현장	도로 연장	범위	종단경사(%)	횡단경사(%)	절개부폭(m)	형식
신북~용산	7.6km	성토부, 절토부	0.3~8.5	2~6	15~35	Dike3, L1, L2
성남~장호원	10.9km	성토부, 절토부	0.3~5.0	2~8	15~75	Dike3, L1
철원~서면	6.9km	성토부, 절토부	0.3~6.0	2~6	5~20	Dike3, L1
신동~가사	5.2km	성토부, 절토부	0.5~8.0	2~8	10~30	Dike3, L1, L2
가사~문곡	4.6km	성토부, 절토부	0.5~8.0	2~8	10~30	Dike3, L1, L2
장흥~송추	8.4km	성토부, 절토부	0.3~8.0	1~8	15~45	Dike3, L1

3) 분석 결과

(1) 신북~용산 현장

가. 노면배수시설 설치 간격

신북~용산 도로 건설공사 현장에 설치되어 있는 노면배수시설(성토부 도수로 및 집수거, 절토부 L형 측구 집수정)의 설치 간격 현황을 조사, 분석한 결과 다음과 같은 결론을 도출하였다.

① 설계 시 설치 간격

성토부 도수로(집수거) 설치 간격은 최소 75m에서 최대 120m의 범위 내에 있어 평균적으로 약 100m 간격으로 설치된 것으로 조사되었으며, 절토부 구간에서 L형 측구 집수정 설치 간격은 평균 약 50m 간격으로 설치된 것으로 조사되었다.

② 개발 프로그램 적용 결과
- 성토부 도수로 설치 간격

본선 곡선부 외측 구간, I.C 1방향 1차로 외측 구간 및 2방향 2차로 곡선부 외측 구간은 입력변수 중 하나인 폭원이 1.0m로 수로 유출유량에 기여하는 배수유역의 크기가 작다.

<표 4.21> 성토부 도수로 설치 간격 입력자료

구분		본선 표준구간 (평지부)	본선 곡선부 내측 구간 (평지부)	I.C 1방향 1차로 내측 구간	I.C 2방향 2차로 표준구간	I.C 2방향 2차로 곡선 내측 구간
도로 종단경사(%)		0.3~8.5	0.3~8.5	0.3~8.5	0.3~8.5	0.3~8.5
유출계수		0.9	0.9	0.9	0.9	0.9
측구효율		0.8	0.8	0.8	0.8	0.8
통수면(m)		1.5	1.0	1.5	1.5	1.5
폭(m)	폭원	10	19	6.0	5.75	9.5
	도로 노면	8	8	3.5	3.75	4.5
	길어깨	1	1	1	1	1
	L형 측구 저판폭	1	1	1	1	1
횡단경사 (%)	도로 노면	2	2	2	2	2
	길어깨	2~6	2~6	2~6	2~6	2~6
	L형 측구	10	10	10	10	10

이러한 측구 수로의 유출유량에 기여하는 배수유역이 작은 외측 구간에 대한 설계는 별도로 논의한다. 그 외 구간에 대하여 프로그램을 적용하기 위하여 구성한 입력 자료를 <표 4.21>에 제시하였다. 본선 표준구간에 대한 L형 측구 단면 및 본선의 정보는 <그림 4.3>에서 확인할 수 있으며, 설계 결과는 <표 4.22>와 <그림 4.4>에 제시하였다.

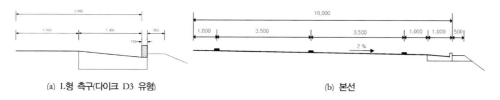

(a) L형 측구(다이크 D3 유형)   (b) 본선

<그림 4.3> 본선 표준구간(평지부, 10%)

<표 4.22> 본선 표준구간(10%)에 대한 도수로 설치 간격 산정 결과

본선 표준구간 (평지부 10%)		횡단경사(%)				
		2	3	4	5	6
종단경사(%)	0.3	45.08	51.81	59.66	68.45	78.31
	0.5	45.45	52.43	60.27	69.00	78.70
	1.0	55.30	65.58	77.33	90.54	105.22
	1.5	69.88	82.40	96.92	113.34	131.52
	2.0	81.11	95.43	112.18	130.97	151.85
	2.5	90.94	106.93	125.60	146.60	169.91
	3.0	99.82	117.30	137.75	160.76	186.33
	3.5	107.05	125.79	147.64	172.29	199.63
	4.0	114.82	134.88	158.38	184.74	214.04
	4.5	122.03	143.36	168.32	196.34	227.46
	5.0	128.84	151.42	177.78	207.32	240.16
	5.5	135.37	159.11	186.82	217.82	252.36
	6.0	141.47	166.31	195.24	227.64	263.71
	6.5	147.51	173.39	203.54	237.35	274.94
	7.0	153.10	180.04	211.35	246.50	285.44
	7.5	158.50	186.45	218.80	255.17	295.57
	8.0	163.75	192.61	226.12	263.71	305.33
	8.5	169.18	199.02	233.56	272.38	315.47

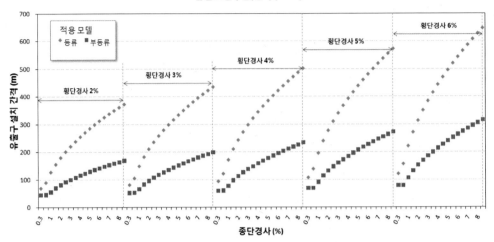

본선 표준구간(평지부:10%)

<그림 4.4> 본선 표준구간(10%)에 대한 도수로 설치 간격 산정 결과 비교

- 절토부 L형 측구 설치 간격

절토부 L형 측구에 대한 설계 방법도 성토부 도수로 설치 간격의 계산 과정과 동일하
나, L1형 측구의 경우 수로 단면의 양쪽 측면이 경사를 가진다. 그러므로 기존 다이크에
대하여 개발된 노면배수 설계 프로그램을 L1형 및 L2형 측구에 대해서도 설계가 가능
하도록 수정하였다.

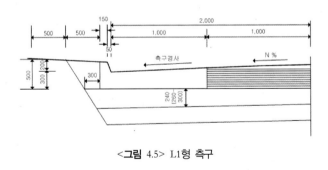

<그림 4.5> L1형 측구

수정된 프로그램을 다음에 제시된 절토부 L형 측구 설치가 고려되는 대상구간에 대해
서 프로그램을 적용하였다.

<표 4.23> 본선 표준구간(10%)에 대한 절토부 L형 측구 설치 간격

본선 표준구간 (평지부 10%)		횡단경사(%)				
		2	3	4	5	6
종단경사(%)	0.3	19.57	21.93	24.67	27.71	31.02
	0.5	18.41	20.73	23.44	26.45	29.73
	1.0	19.33	22.40	23.62	27.41	31.60
	1.5	23.74	27.21	31.47	36.30	41.66
	2.0	27.99	31.82	36.67	42.19	48.31
	2.5	31.67	35.89	41.28	47.43	54.26
	3.0	34.98	39.57	45.47	52.22	59.72
	3.5	37.99	42.94	49.32	56.61	64.73
	4.0	40.80	46.08	52.92	60.76	69.40
	4.5	42.71	48.20	55.33	63.48	72.51
	5.0	45.26	51.09	58.66	67.26	76.78
	5.5	47.73	53.82	61.80	70.86	80.99
	6.0	49.99	56.49	64.82	74.31	84.81
	6.5	52.22	59.02	67.72	77.64	88.59
	7.0	54.37	61.49	70.56	80.87	92.28
	7.5	56.35	63.75	73.15	83.83	95.67
	8.0	58.27	65.92	75.65	86.70	98.93
	8.5	60.26	68.21	78.28	89.72	102.35

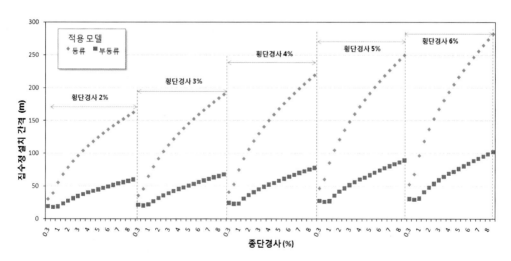

<그림 4.6> 본선 표준구간(10%)에 대한 절토부 L형 측구 산정 결과 비교

③ 적용성 검토 결과

신북~용산 도로 건설공사 현장의 성토부 및 절토부의 도수로(혹은 집수거)와 L형 측구 집수정의 설치 간격을 기존방법으로 수행한 수리 계산치·설계 적용치를 본 연구를 통하여 개발한 프로그램을 적용한 개선방법으로 수행한 수리 계산치·설계 적용치를 다음 <표 4.24>와 같이 비교하였다. 먼저 수리계산치의 비교 결과 성토구간에서는 설치 간격이 평균 44.5% 증가되었으며, 절토구간에서는 설치 간격이 평균 45.6% 감소하는 결과가 도출되었다. 또한, 기존방법의 설계적용치와 개선방법의 수리계산치를 비교한 결과, 평균 14.1%의 적용 편차가 계산되었다.

<표 4.24> 노면배수시설 적용성 검토 결과

구분		적용경사(%)		기존방법(m)		개선방법(m)		결과
		종단	횡단	수리계산	설계적용	수리계산	설계적용	
성토구간	CASE 1	0.83	-2.00	127.8	120.0	55.3	60.0	설치 간격 감소
	CASE 2	2.68	-2.00	202.0	100.0	90.9	90.0	설치 간격 감소
	CASE 3	1.91	-3.00	211.3	75.0	95.4	100.0	설치 간격 감소
절토구간	CASE 1	2.69	2.00	88.1	50.0	31.7	30.0	설치 간격 감소
	CASE 2	0.22	0.50	30.5	50.0	19.6	30.0	설치 간격 감소
	CASE 3	3.40	-2.00	104.2	50.0	38.0	40.0	설치 간격 감소

나. 횡단배수시설 단면 규격

신북~용산 도로 건설공사 현장에 본 연구를 통해 개발한 프로그램을 적용한 결과, ① 횡단배수시설인 배수암거와 배수관은 현재 설치되어 있는 단면보다 약 67.8%의 단면의 증가가 필요하다고 계산되었다. 또한, ② 횡단배수시설물의 종류별로 분석하면, 횡단배수암거(BOX)는 약 49.8% 횡단배수관(PIPE)은 약 72.9% 단면 상승이 필요하다고 산정되었는데, 상기와 같은 프로그램의 현장 적용성 검토 결과 ③ 현재 도로에 설치되어 있는 횡단배수시설물 중 횡단배수암거의 단면이 횡단배수관의 단면보다 현실적인 규격을 가지고 설계되었음을 판단할 수 있다(<표 4.25> 참고).

<표 4.25> 횡단배수시설 적용성 검토 결과

번호	측점	유역면적 (km²)	기존 방법		개선 방법		결과	비고
			설계홍수량 (㎥/sec)	단면 규격 (m)	설계홍수량 (㎥/sec)	단면 규격 (m)		
1	0+340.0	0.02	0.63	1@800	1.63	1@1200	증가	배수관
2	1+480.0	0.01	0.31	1@600	0.58	1@800	감소	배수관
3	1+599.0	0.03	0.94	1@1000	2.62	2@1000	증가	배수관
4	2+320.0	0.036	1.13	1@1000	2.99	2@1200	증가	배수관
5	2+550.0	0.1	3.14	2@1200	5.95	3@1200	증가	배수관
6	2+926.0	0.06	1.88	1@1200	3.78	2@1200	증가	배수관
7	3+160.0	0.05	1.57	1@1200	3.16	2@1200	증가	배수관
8	3+280.0	0.05	1.57	1@1200	3.24	2@1200	증가	배수관
9	3+500.0	0.02	0.63	1@800	0.97	1@1000	-	배수관
10	3+800.0	0.07	2.20	1@1200	4.11	2@1200	증가	배수관
11	4+860.0	0.01	0.31	1@600	0.87	1@1000	-	배수관
12	5+220.0	0.09	2.83	2@1000	6.26	3@1200	증가	배수관
13	5+330.0	0.02	0.63	1@800	1.57	1@1200	증가	배수관
14	5+428.0	0.04	1.26	1@1000	2.85	2@1200	증가	배수관
15	5+739.0	0.087	2.73	2@1000	5.38	3@1200	증가	배수관
16	6+080.0	0.01	0.31	1@600	0.79	1@800	감소	배수관
17	6+200.0	0.06	1.88	1@1200	4.10	2@1200	증가	배수관
18	6+300.0	0.03	0.94	1@1000	2.31	1@1200	증가	배수관
19	6+380.0	0.01	0.31	1@600	0.89	1@1000	-	배수관
20	6+620.0	0.03	0.94	1@1000	2.31	1@1200	증가	배수관
21	7+200.0	0.04	1.26	1@1000	2.89	2@1000	증가	배수관
22	7+360.0	0.01	0.31	1@600	0.87	1@1000	-	배수관
23	7+560.0	0.06	1.88	1@1200	4.05	2@1200	증가	배수관
24	0+120.0	0.02	0.63	1@800	1.39	1@1200	증가	배수관
25	0+044.0	0.02	0.63	1@800	1.94	1@1200	증가	배수관
26	2+182.0	0.78	24.49	1@4.0×4.0	38.56	1@4.5×4.5	증가	암거
27	2+700.0	0.48	15.07	1@3.0×3.0	25.61	1@4.0×4.0	증가	암거
28	3+060.0	0.32	10.05	1@2.5×2.5	18.30	1@3.5×3.5	증가	암거
29	4+540.0	0.28	8.79	1@2.5×2.5	16.52	1@3.0×3.0	감소	암거
30	4+740.0	0.21	6.60	1@2.5×2.0	12.65	1@3.0×2.5	감소	암거
31	0+053.0	0.66	20.73	1@3.5×3.5	31.69	1@4.0×4.0	증가	암거
32	0+135.0	1.36	36.72	1@4.5×4.5	47.80	1@5.0×5.0	증가	암거

(2) 성남~장호원 현장

가. 노면배수시설 설치 간격

성남~장호원 도로 건설공사 현장에 설치되어 있는 노면배수시설(성토부 도수로 및 집수거, 절토부 L형 측구 집수정)의 설치 간격 현황을 조사, 분석한 결과 다음과 같은 결론을 도출하였다.

① 설계 시 설치 간격
- 성토부 도수로(집수거) 설치 간격

성토부 직선부 구간에서 도수로 설치 간격은 최소 40m에서 최대 150m의 범위 내에 있어 평균적으로 약 80m 간격으로 설치되어 있고, 곡선부 구간에서 도수로 설치 간격은 최소 70m에서 최대 200m의 범위 내에 있어 평균적으로 약 130m 간격으로 설치된 것으로 조사되었다. 결과적으로 성토부에서는 직선부보다 곡선부의 도수로(집수거) 설치 간격이 약 54.3% 넓어진다는 것을 알 수 있었다.

- 절토부 L형 측구 집수정 설치 간격

절토부 직선부 구간에서 도수로 설치 간격은 최소 40m에서 최대 50m의 범위 내에 있어 평균적으로 약 48m 간격으로 설치되어 있고, 곡선부 구간에서 도수로 설치 간격은 최소 50m에서 최대 90m의 범위 내에 있어 평균적으로 약 60m 간격으로 설치된 것으로 조사되었다. 결과적으로 절토부에서는 직선부보다 곡선부의 도수로(집수거) 설치 간격이 약 28.0% 넓어진다는 것을 알 수 있었으며, 곡선부에서 종단경사가 상대적으로 완만한 경우 설치 간격이 넓어지는 경향을 보이고 있다.

② 개발 프로그램 적용 결과
- 성토부 도수로(집수거) 설치 간격

<표 4.26> 표준구간 및 곡선부 내측 도수로 설치 간격

성토부 도수로 설치 간격		횡단경사(%)						
		2	3	4	5	6	7	8
종단경사(%)	0.3	80.78	97.5	110.04	126.37	142.94	161.31	181.57
	0.5	86.87	99.24	115.17	134.15	155.75	180.23	207.57
	1.0	114.8	138.48	166.25	198.05	233.81	273.84	318.15
	1.5	142.75	171.8	205.98	244.92	288.86	338.05	392.61
	2.0	164.88	198.23	237.59	282.51	333.16	389.8	452.66
	2.5	184.38	221.6	265.54	315.71	372.34	435.69	506.49
	3.0	200.24	240.89	288.74	343.42	405.06	474.57	551.53
	3.5	216.9	260.78	312.54	371.61	438.99	513.93	596.93
	4.0	232.34	279.34	334.75	398.22	469.99	549.82	638.68
	4.5	246.81	296.79	355.5	422.88	499.04	583.75	677.98
	5.0	260.3	312.9	374.91	446.07	526.87	616.22	715.57

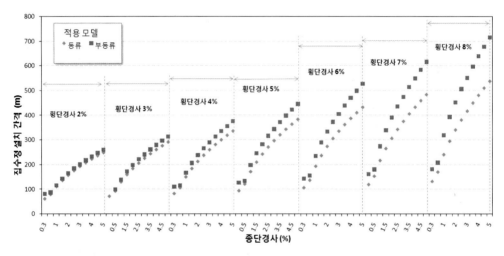

<그림 4.7> 표준구간 및 곡선부 내측에 대한 도수로 설치 간격 산정 결과 비교

- 절토부 L형 측구 설치 간격

<표 4.27> 표준구간 및 곡선부 내측 집수정 설치 간격(절개부 폭 15m)

절토부 집수정 설치 간격		횡단경사(%)				
		2	3	4	5	6
종단경사(%)	0.3	33.01	37.31	42.28	47.82	53.93
	0.5	32.28	36.81	42.21	48.11	54.67
	1.0	37.19	43.52	50.84	59.02	68.05
	1.5	47.82	55.48	64.54	74.71	85.94

	2.0	55.75	64.42	74.86	86.61	99.55
	2.5	62.68	72.36	84.04	97.1	111.54
종단경사(%)	3.0	68.88	79.5	92.28	106.62	122.43
	3.5	74.58	86.06	99.85	115.35	131.89
	4.0	79.16	91.34	106.01	122.43	140.56

　수정된 프로그램을 다음에 제시된 절토부 L형 측구 설치가 고려되는 대상구간에 대해
서 프로그램을 적용하였다.

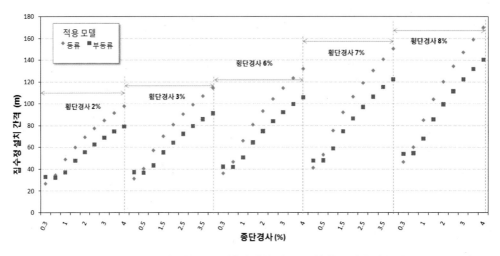

<그림 4.8> 표준구간 및 곡선부 내측에 대한 절토부 L형 측구 산정 결과 비교

③ 적용성 검토 결과

　성남~장호원 도로 건설공사 현장의 성토부 및 절토부의 도수로(혹은 집수거)와 L형
측구의 설치 간격을 기존방법으로 수행한 수리계산치·설계적용치를 본 연구를 통하여
개발한 프로그램을 적용한 개선방법으로 수행한 수리계산치·설계적용치를 다음 표와
같이 비교하였다. 먼저 수리계산치의 비교 결과 성토구간에서는 직선·곡선부 모두 설
치 간격이 평균 7% 증가되었으며, 절토구간에서는 직선·곡선부 모두 설치 간격이 평균
12% 감소하는 결과가 도출되었다. 구체적으로 수리계산치와 설계적용치를 비교한 결과
기존방법에서는 성토 및 절토부에서 곡선구간보다는 직선구간에서 편차가 적은 것으로
산정되었고, 개선방법에서는 성토부의 직선구간과 절토부의 곡선구간에서 편차가 적게
산정되었다. 또한, 기존방법의 설계적용치와 개선방법의 수리계산치를 비교한 결과, 평

균 30%의 적용 편차가 계산되었으며, 비록 기존 방법이 정확한 것은 아니지만 본 연구에 의한 수리계산치의 결과와 약 30%의 편차를 가지고 있어 사용자 관점에서 거부감을 가질 정도는 아니므로, 향후 노면배수시설 설계 간격 산정에 사용하여도 무방하다고 판단된다.

<표 4.28> 노면배수시설 적용성 검토 결과

구분			적용경사(%)		기존방법(m)		개선방법(m)		결과
			종단	횡단	수리계산	설계적용	수리계산	설계적용	
성토 구간	직선부	CASE 1	0.58	3.00	92.1	70	99.2	100	설치 간격 증가
		CASE 2	1.86	2.00	157.5	100	164.9	100	설치 간격 증가
		CASE 3	1.26	4.00	150.3	150	166.3	100	설치 간격 증가
	곡선부	CASE 4	2.50	4.00	237.6	70	265.5	100	설치 간격 증가
		CASE 5	2.68	0.24	176.1	130	184.4	100	설치 간격 증가
		CASE 6	2.70	0.00	176.1	200	184.4	100	설치 간격 증가
절토 구간	직선부	CASE 1	1.88	2.00	69.3	40	55.8	50	설치 간격 감소
		CASE 2	2.94	3.50	114.4	50	92.3	50	설치 간격 감소
		CASE 3	1.26	2.20	49.0	50	37.2	50	설치 간격 감소
	곡선부	CASE 4	1.19	4.00	66.1	50	50.8	50	설치 간격 감소
		CASE 5	3.99	0.00	98.0	50	79.2	50	설치 간격 감소
		CASE 6	0.95	0.50	49.0	90	37.2	50	설치 간격 감소

나. 횡단배수시설 단면 규격

성남~장호원 도로 건설공사 현장에 본 연구를 통해 개발한 프로그램을 적용한 결과, ① 횡단배수시설인 배수암거와 배수관은 현재 설치되어 있는 단면보다 약 63%의 단면의 증가가 필요하다고 계산되었다. 또한, ② 횡단배수시설물의 종류별로 분석하면, 횡단배수암거(BOX)는 약 50% 횡단배수관(PIPE)은 약 64% 단면 상승이 필요하다고 산정되었는데, 상기와 같은 프로그램의 현장 적용성 검토 결과 ③ 현재 도로에 설치되어 있는 횡단배수시설물 중 횡단배수암거의 단면이 횡단배수관의 단면보다 현실적인 규격을 가지고 설계되었음을 판단할 수 있다(<표 4.29> 참고).

<표 4.29> 횡단배수시설 적용성 검토 결과

번호	측점	유역면적 (km²)	기존 방법		개선 방법		결과	비고
			설계홍수량 (㎥/sec)	단면 규격 (m)	설계홍수량 (㎥/sec)	단면 규격 (m)		
1	STA.0+625.00	0.059	2.124	1,200	2.598	3@1,200	증가	배수관
2	STA.1+693.00	0.131	5.390	2.0 X 2.0	6.020	2.5 X 2.0	증가	암거
3	STA.2+200.00	0.031	1.275	1,000	2.202	1,200	증가	배수관
4	STA.2+440.00	0.017	0.699	1,000	1.312	-	-	배수관
5	STA.2+940.00	0.036	1.481	1,000	1.856	1,200	증가	배수관
6	STA.3+437.50	0.012	0.494	1,000	1.097	1,000	-	배수관
7	STA.3+575.00	0.011	0.453	1,000	1.023	1,200	증가	배수관
8	STA.3+667.00	0.049	2.016	1,200	2.975	2@1,000	증가	배수관
9	STA.3+858.00	0.045	1.851	1,200	2.832	2@1,000	증가	배수관
10	STA.4+043.00	0.027	1.111	1,000	2.084	1,200	증가	배수관
11	STA.4+280.00	0.016	0.658	1,000	1.449	1,000	-	배수관
12	STA.4+440.00	0.023	0.946	1,000	1.926	1,200	증가	배수관
13	STA.4+580.00	0.033	1.358	1,000	2.547	2@1,000	증가	배수관
14	STA.6+054.25	0.857	35.260	2@2.0 X 2.0	29.032	4.0 X 4.0	증가	암거
15	STA.6+606.00	0.120	4.937	2.0 X 2.0	6.470	2.5 X 2.0	증가	암거
16	STA.6+660.00	0.036	1.481	1,000	2.506	2@1,000	증가	배수관
17	STA.7+000.00	0.044	1.810	1,200	3.018	2@1,200	증가	배수관
18	STA.7+060.00	0.082	2.633	1,200	5.015	3@1,200	증가	배수관
19	STA.7+240.0	0.005	0.206	1,000	0.556	1,200	증가	배수관
20	STA.7+350.0	0.040	1.646	1,200	3.007	2@1,000	증가	배수관
21	STA.8+580.0	0.042	1.728	1,000	2.845	2@1,200	증가	배수관
22	STA.8+720.0	0.025	1.029	1,000	2.051	1,200	증가	배수관
23	STA.8+840.0	0.013	0.535	1,000	1.349	1,200	증가	배수관
24	STA.8+920.00	0.014	0.576	1,000	1.436	1,200	증가	배수관
25	STA.9+340.0	0.020	0.823	1,000	1.265	1,000	-	배수관
26	STA.9+620.0	0.016	0.658	1,000	1.049	1,200	증가	배수관
27	STA.0+429.9	0.038	1.563	1,200	2.177	1,200	-	배수관
28	STA.0+030.0	0.072	2.962	1,200	3.518	3@1,200	증가	배수관

(3) 철원~서면 현장

가. 노면배수시설 설치 간격

철원~서면 도로 건설공사 현장에 설치되어 있는 노면배수시설(성토부 도수로 및 집수거, 절토부 L형 측구 집수정)의 설치 간격 현황을 조사, 분석한 결과 다음과 같은 결론을 도출하였다.

① 설계 시 설치 간격

성토부 구간에서 도수로 설치 간격은 최소 25m에서 최대 120m의 범위 내에 있어 평균적으로 약 90m 간격으로 설치된 것으로 조사되었으며, 절토부 구간에서 L형 측구 집수정 설치 간격은 최소 20m에서 최대 80m의 범위 내에 있으며, 평균 약 40m 간격으로 설치된 것으로 조사되었다.

② 개발 프로그램 적용 결과
- 성토부 도수로 설치 간격

다이크의 유형은 L형 측구이며, 성토부 도수로 설치구간은 본선 표준구간, 본선 곡선부 내측 구간, 본선 곡선부 외측 구간, I.C 1방향 1차로 내측 구간, I.C 1방향 1차로 외측 구간, I.C 2방향 2차로 표준구간, I.C 2방향 2차로 곡선 내측 구간, I.C 2방향 2차로 곡선 외측 구간이다.

<표 4.30> 본선 표준구간(10%) 및 내측 구간에 대한 도수로 설치 간격 산정 결과

본선 표준구간 (평지부 10%)	횡단경사(%) 2	본선 내측 구간	횡단경사(%)				
			2	3	4	5	6
종단경사(%) 0.3	83.37	종단경사(%) 0.3	46.92	53.28	60.64	68.74	77.67
0.5	90.27	0.5	50.05	56.93	64.42	73.03	82.49
0.8	107.43	0.8	58.21	65.80	76.63	88.68	101.86
1.1	126.64	1.1	67.11	78.12	90.82	104.92	120.36
1.4	144.71	1.4	77.21	89.66	104.12	120.23	137.81
1.7	159.54	1.7	85.45	99.15	115.05	132.74	152.09
2.2	181.57	2.2	97.62	113.15	131.22	151.30	173.39
2.4	189.62	2.4	102.08	118.28	137.14	158.19	181.20
3.0	210.43	3.0	114.44	132.56	153.68	177.17	202.93
3.5	227.83	3.5	123.10	142.51	165.21	190.48	218.19
4.0	244.06	4.0	131.95	152.76	177.11	204.15	233.81
4.5	259.20	4.5	140.25	162.40	188.28	217.09	248.58
5.0	273.23	5.0	147.94	171.38	198.66	229.17	262.37
5.5	287.03	5.5	155.39	180.04	208.66	240.52	275.43
6.0	299.96	6.0	162.53	188.28	218.31	251.63	288.12

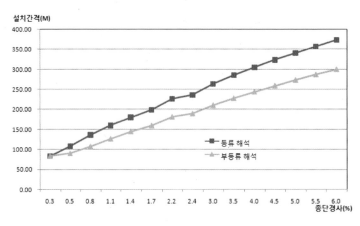

<그림 4.9> 본선 표준구간(10%)에 대한 도수로 설치 간격 산정 결과 비교

- 절토부 L형 측구 설치 간격

절토부 L형 측구에 대한 설계방법도 성토부 도수로 설치 간격의 계산과정과 동일하며, 표준구간, 곡선부 내측 구간 및 곡선부 외측 구간에 대하여 각각 절개부 폭원 5m, 10m, 15m, 20m의 경우에 대하여 설치 간격을 산정한 결과는 다음의 표 및 그림과 같다.

<표 4.31> 본선 표준구간(10%) 및 내측 구간에 대한 L형 측구 집수정 설치 간격 산정 결과

본선 표준구간 (평지부 10%)		횡단경사(%)	본선 내측 구간		횡단경사(%)				
		2			2	3	4	5	6
종단경사(%)	0.3	56.02	종단경사(%)	0.3	38.87	43.83	49.58	55.97	62.99
	0.5	59.16		0.5	40.48	45.95	52.34	59.17	66.59
	0.8	66.33		0.8	45.81	53.65	60.00	69.21	79.22
	1.1	78.69		1.1	53.30	61.74	71.47	82.24	94.02
	1.4	90.56		1.4	61.62	71.14	82.21	94.54	108.03
	1.7	99.97		1.7	68.33	78.73	91.00	104.55	119.32
	2.2	113.92		2.2	78.25	90.02	103.94	119.38	136.16
	2.4	119.06		2.4	81.88	94.17	108.70	124.81	142.45
	3.0	133.31		3.0	91.86	105.65	121.88	139.95	159.60
	3.5	143.06		3.5	98.81	113.64	131.10	150.44	171.68
	4.0	153.31		4.0	105.98	121.88	140.56	161.37	184.01
	4.5	162.89		4.5	112.64	129.57	149.41	171.50	195.60
	5.0	171.93		5.0	118.95	136.83	157.83	181.08	206.59
	5.5	180.41		5.5	124.93	143.73	165.82	190.30	216.96
	6.0	188.71		6.0	130.61	150.26	173.33	198.90	226.85

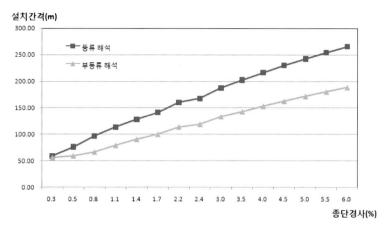

설치간격(m)

<그림 4.10> 표준구간 및 곡선부 내측에 대한 절토부 L형 측구 산정 결과 비교

　수정된 프로그램을 다음에 제시된 절토부 L형 측구 설치가 고려되는 대상구간에 대해서 프로그램을 적용하였다.

③ 적용성 검토 결과

　철원~서면 도로 건설공사 현장의 성토부 및 절토부의 도수로(혹은 집수거)와 L형 측구 집수정의 설치 간격을 기존방법으로 수행한 수리계산치·설계적용치를 본 연구를 통하여 개발한 프로그램을 적용한 개선방법으로 수행한 수리계산치·설계적용치를 다음 표와 같이 비교하였다. 먼저 수리계산치의 비교 결과 성토구간에서는 설치 간격이 평균 83.0% 감소되었으며, 절토구간에서는 설치 간격이 평균 90.4% 감소하는 결과가 도출되었다. 또한, 기존방법의 설계적용치와 개선방법의 수리계산치를 비교한 결과, 평균 15%의 적용 편차가 계산되었다.

<표 4.32> 노면배수시설 적용성 검토 결과

구분		적용경사(%)		기존방법(m)		개선방법(m)		결과
		종단	횡단	수리계산	설계적용	수리계산	설계적용	
성토구간	CASE 1	3.89	-1.75	160.6	90	131.95	80	설치 간격 감소
	CASE 2	0.54	2.60	66.5	120	56.93	60	설치 간격 감소
	CASE 3	1.48	-2.00	95.0	50	77.21	70	설치 간격 감소
절토구간	CASE 1	3.50	0.50	124.9	80	98.8	70	설치 간격 감소
	CASE 2	0.41	-1.75	47.2	50	40.5	40	설치 간격 감소
	CASE 3	0.19	0.95	36.6	20	38.9	30	설치 간격 감소

나. 횡단배수시설 단면 규격

철원~서면 도로 건설공사 현장에 본 연구를 통해 개발한 프로그램을 적용한 결과, ① 횡단배수시설인 배수암거와 배수관은 현재 설치되어 있는 단면보다 약 10% 정도의 단면이 축소되었으며, ② 횡단배수시설물의 종류별로 분석하면, 횡단배수암거(BOX)는 약 30% 횡단배수관(PIPE)은 약 5% 단면 축소가 필요하다고 산정되었는데, 상기와 같은 프로그램의 현장 적용성 검토 결과 ③ 동일한 설계홍수량 조건하에 본 연구를 통해 개발된 프로그램을 운영하면 단면 규격 축소 결과가 도출되므로, 정확한 설계홍수량의 산정이 횡단배수시설 단면규격산정에 가장 중요한 영향인자임을 알 수 있다.

<표 4.33> 횡단배수시설 적용성 검토 결과

번호	측점	연장 (m)	유역면적 (km2)	수리계산서		Trial 01		비고
				합리식Q(m3/s)	단면규격	합리식Q(m3/s)	단면규격	
1	0+340.00	50.20	0.024	0.631	1@1,000	0.631	1@800	↓
2	0+629.00	53.90	0.032	0.841	1@1,000	0.841	1@1000	-
3	0+660.00	55.30	0.043	1.130	1@1,200	1.130	1@1000	↓
4	0+786.00	39.80	0.018	0.473	1@1,200	0.473	1@1000	↓
5	0+860.00	27.50	0.074	1.944	1@1,200	1.944	1@1200	-
6	0+958.00	41.60	0.208	5.464	1@2.0 X 2.0	5.464	1@2.0 X 2.0	-
7	1+055.00	44.50	0.041	1.077	1@2.0 X 2.0	1.077	1@2.0 X 1.5	↓
8	1+170.00	25.40	0.020	0.525	1@1,000	0.525	1@800	↓
9	1+235.00	31.60	0.041	1.077	1@2.5 X 2.5	1.077	1@2.0 X 1.5	↓
10	1+300.00	24.30	0.008	0.210	1@1,000	0.210	1@600	↓
11	1+371.00	25.20	0.025	0.657	1@1,000	0.657	1@1,000	-
12	1+420.00	23.30	0.011	0.289	1@1,000	0.289	1@600	↓
13	2+120.00	29.80	0.053	1.392	1@1,000	1.392	1@1000	-
14	2+250.00	35.10	0.068	1.786	1@1,200	1.786	1@1200	-
15	2+355.00	41.30	0.046	1.208	1@1,000	1.208	1@1000	-
16	2+450.00	31.60	0.096	2.522	1@1,200	2.522	2@1200	↑
17	2+598.00	35.90	0.047	1.235	1@1,000	1.235	1@1000	-
18	2+694.00	19.40	0.034	0.893	1@1,000	0.893	1@1000	-
19	2+892.00	21.30	0.229	6.016	1@5.5 X 2.5	6.016	1@2.5 X 2.0	↓
20	2+958.00	51.40	0.072	1.892	1@1,200	1.892	1@1200	-
21	3+149.00	60.00	0.041	1.077	1@1,000	1.077	1@1000	-
22	3+253.00	73.30	0.287	7.540	1@3.5 X 3.0	7.540	1@2.5 X 2.5	↓
23	3+598.50	103.40	0.162	4.256	1@2.0 X 2.0	4.256	1@2.0 X 2.0	-
24	3+900.00	36.30	0.017	0.447	1@1,000	0.447	1@800	↓
25	3+997.50	28.50	0.024	0.631	1@1,000	0.631	1@800	↓
26	4+116.00	31.30	0.032	0.841	1@1,000	0.841	1@1000	-

27	4+181.00	35.60	0.032	0.841	1@1,000	0.841	1@1000	-
28	4+218.50	36.30	0.012	0.315	1@1,200	0.315	1@600	↓
29	4+337.50	38.60	0.067	1.760	1@1,000	1.760	1@1200	↑
30	4+454.00	54.00	0.027	0.709	1@1,000	0.709	1@800	↓
31	4+480.50	46.20	0.228	5.990	1@3.0 X 2.5	5.990	1@2.5 X 2.0	↓
32	4+495.00	49.50	0.016	0.420	1@1,000	0.420	1@600	↓
33	4+780.00	39.60	0.005	0.131	1@1,000	0.131	1@500	↓
34	4+880.00	33.50	0.018	0.473	1@1,000	0.473	1@800	↓
35	5+137.00	31.50	0.067	1.760	1@1,200	1.760	1@1200	-
36	5+178.00	37.40	0.061	1.603	1@1,000	1.603	1@1200	↑
37	5+704.00	22.50	0.053	1.392	1@1,000	1.392	1@1200	↑
38	6+006.00	32.20	0.050	1.314	1@1,000	1.314	1@1200	↑
39	6+096.00	36.20	0.055	1.445	1@1,000	1.445	1@1200	↑
40	6+440.00	43.50	0.057	1.497	1@1,000	1.497	1@1200	↑
41	6+562.50	42.00	0.443	11.638	1@7.0 X 3.0	11.638	1@3.0 X 2.5	↓
42	6+785.50	15.00	0.079	2.075	1@1,200	2.075	1@1200	-

(4) 신동~가사 현장

가. 노면배수시설 설치 간격

신동~가사 도로 건설공사 현장에 설치되어 있는 노면배수시설(성토부 도수로 및 집수거, 절토부 L형 측구 집수정)의 설치 간격 현황을 조사, 분석한 결과 다음과 같은 결론을 도출하였다.

① 설계 시 설치 간격

성토부 구간에서 도수로 설치 간격은 최소 70m에서 최대 140m의 범위 내에 있어 평균적으로 약 100m 간격으로 설치된 것으로 조사되었으며, 절토부 구간에서 L형 측구 집수정 설치 간격은 평균 약 65m 간격으로 설치된 것으로 조사되었다.

② 개발 프로그램 적용 결과

- 성토부 도수로 설치 간격

다이크의 유형은 L형 측구이며, 성토부 도수로 설치구간은 본선 표준구간, 본선 곡선부 내측 구간, 본선 곡선부 외측 구간, I.C 곡선부 내측 구간, 곡선부 외측 구간이다.

<표 4.34> 표준구간 및 곡선부 내측 도수로 설치 간격

본선 표준구간 (평지부 10%)		횡단경사(%)
		2
종단경사(%)	1.0	36.84
	1.5	46.45
	2.0	53.80
	2.5	60.30
	3.0	65.43
	3.5	71.04
	4.0	76.29
	4.5	81.11
	5.0	85.75
	5.5	90.02
	6.0	94.42
	6.5	98.32
	7.0	102.11
	7.5	105.71
	8.0	109.19

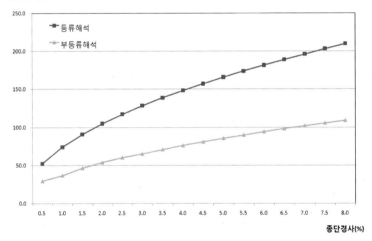

설치 간격(M)

<그림 4.11> 본선 표준구간(10%)에 대한 도수로 설치 간격 산정 결과 비교

- 절토부 L형 측구 설치 간격

절토부 L형 측구에 대한 설계방법도 성토부 도수로 설치 간격의 계산과정과 동일하며, 본선 표준구간, 곡선부 내측 및 외측 구간에 대하여 각각 절개부 폭원 10m, 15m, 20m, 25m, 30m의 경우에 대하여 설치 간격을 산정한 결과는 다음의 표 및 그림과 같다.

<표 4.35> 표준구간 및 곡선부 내측 집수정 설치 간격(절개부 폭 15m)

본선 표준구간 (평지부 10%)		횡단경사(%)
		2
종단경사(%)	0.5	14.41
	1.0	16.82
	1.5	20.56
	2.0	24.08
	2.5	27.20
	3.0	29.54
	3.5	32.23
	4.0	34.64
	4.5	36.90
	5.0	39.07
	5.5	41.05
	6.0	43.03
	6.5	44.86
	7.0	46.63
	7.5	48.43
	8.0	50.08

수정된 프로그램을 다음에 제시된 절토부 L형 측구 설치가 고려되는 대상구간에 대해서 프로그램을 적용하였다.

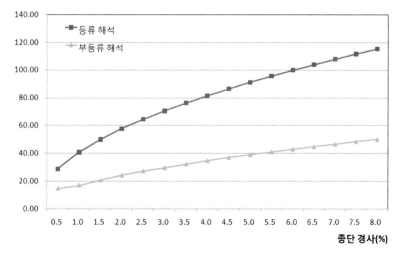

<그림 4.12> 표준구간 및 곡선부 내측에 대한 절토부 L형 측구 산정 결과 비교

③ 적용성 검토 결과

신동~가사 도로 건설공사 현장의 성토부 및 절토부의 도수로(혹은 집수거)와 L형 측구 집수정의 설치 간격을 기존방법으로 수행한 수리계산치·설계적용치를 본 연구를 통하여 개발한 프로그램을 적용한 개선방법으로 수행한 수리계산치·설계적용치를 다음 <표 4.36>과 같이 비교하였다. 먼저 수리계산치의 비교 결과 성토구간에서는 설치 간격이 평균 50.6% 감소되었으며, 절토구간에서는 설치 간격이 평균 41.6% 감소하는 결과가 도출되었다. 또한, 기존방법의 설계적용치와 개선방법의 수리계산치를 비교한 결과, 평균 21%의 적용 편차가 계산되었다.

<표 4.36> 노면배수시설 적용성 검토 결과

구분		적용경사(%)		기존방법(m)		개선방법(m)		결과
		종단	횡단	수리계산	설계적용	수리계산	설계적용	
성토구간	CASE 1	2.05	6.0	105.1	140	53.8	60	설치 간격 감소
	CASE 2	1.02	-2.0	74.3	70	36.8	40	설치 간격 감소
	CASE 3	3.52	6.0	139.0	110	71.0	80	설치 간격 감소
절토구간	CASE 1	2.05	6.0	57.6	50	24.1	30	설치 간격 감소
	CASE 2	1.49	-2.0	49.9	90	20.6	30	설치 간격 감소

나. 횡단배수시설 단면 규격

신동~가사 도로 건설공사 현장에 본 연구를 통해 개발한 프로그램을 적용한 결과, ① 횡단배수시설인 배수암거와 배수관은 현재 설치되어 있는 단면보다 약 15%의 단면의 증가가 필요하다고 계산되었다. 또한, ② 횡단배수시설물의 종류별로 분석하면, 횡단배수암거(BOX)는 약 33% 횡단배수관(PIPE)은 약 14% 단면 상승이 필요하다고 산정되었는데, 상기와 같은 프로그램의 현장 적용성 검토 결과 ③ 현재 도로에 설치되어 있는 횡단배수시설물 중 횡단배수암거의 단면이 횡단배수관의 단면보다 현실적인 규격을 가지고 설계되었음을 판단할 수 있다(<표 4.37> 참고).

<p style="text-align:center"><<strong>표</strong> 4.37> 횡단배수시설 적용성 검토 결과</p>

번호	측점	연장 (m)	유역면적 (km²)	수리계산서		Trial 01		비고
				합리식Q(m³/s)	단면규격	합리식Q(m³/s)	단면규격	
1	0+380.00	36.5	0.005	0.131	1@1,000	0.131	1@500	↓
2	0+820.00	18.4	0.026	0.682	1@1,000	0.682	1@800	↓
3	0+996.50	27.9	0.039	1.023	1@1,000	1.023	1@1000	-
4	1+079.00	36.0	0.061	1.600	1@1,200	1.600	1@1000	↓
5	1+655.00	22.5	0.050	1.311	1@1,000	1.311	1@1000	-
6	1+740.00	24.5	0.020	0.524	1@1,000	0.524	1@800	↓
7	2+460.00	40.0	0.035	0.918	1@1,000	0.918	1@1000	-
8	2+511.00	49.6	0.201	5.271	1@1.5 X 1.5	5.271	1@2.0 X 1.5	↑
9	4+020.00	28.0	0.029	0.760	1@1,000	0.760	1@800	↓
10	4+090.00	22.0	0.022	0.577	1@1,000	0.577	1@800	↓
11	4+160.00	22.5	0.008	0.210	1@1,000	0.210	1@600	↓
12	4+320.00	22.5	0.008	0.157	1@1,000	0.157	1@500	↓
13	4+426.00	27.0	0.122	3.199	1@1,200	3.199	2@1200	↑
14	4+780.00	24.0	0.250	6.556	1@1,200	6.556	3@1200	↑
15	4+920.00	31.5	0.039	1.023	1@1,000	1.023	1@1000	-
16	5+060.00	25.0	0.118	3.094	1@1,000	3.094	2@1200	↑

(5) 가사~문곡 현장

가. 노면배수시설 설치 간격

가사~문곡 도로 건설공사 현장에 설치되어 있는 노면배수시설(성토부 도수로 및 집수거, 절토부 L형 측구 집수정)의 설치 간격 현황을 조사, 분석한 결과 다음과 같은 결론을 도출하였다.

① 설계 시 설치 간격

성토부 구간에서 도수로 설치 간격은 최소 50m에서 최대 245m의 범위 내에 있어 평균적으로 약 140m 간격으로 설치된 것으로 조사되었으며, 절토부 구간에서 L형 측구 집수정 설치 간격은 평균 약 80m 간격으로 설치된 것으로 조사되었다.

② 개발 프로그램 적용 결과

- 성토부 도수로 설치 간격

다이크의 유형은 L형 측구이며, 성토부 도수로 설치구간은 본선 표준구간, 본선 곡선부 내측 구간, 본선 곡선부 외측 구간, I.C 곡선부 내측 구간, 곡선부 외측 구간이다.

<표 4.38> 본선 표준구간(10%) 및 곡선부 내측 구간에 대한 도수로 설치 간격 산정 결과

본선 표준구간 (평지부 10%)		횡단경사(%)	본선 곡선부 내측 구간		횡단경사(%)						
		2			2	3	4	5	6	7	8
종단 경사 (%)	0.5	29.45	종단 경사 (%)	0.5	18.15	22.80	28.20	34.18	40.84	47.88	55.60
	1.0	36.84		1.0	21.95	28.26	35.62	43.98	53.38	63.84	75.38
	1.5	46.45		1.5	27.96	35.86	45.08	55.51	67.20	80.23	94.60
	2.0	53.80		2.0	32.63	41.81	52.43	64.51	78.06	93.14	109.74
	2.5	60.30		2.5	36.72	47.00	58.93	72.45	87.71	104.55	123.10
	3.0	65.43		3.0	40.04	51.21	64.21	78.98	95.46	113.76	133.97
	3.5	71.04		3.5	43.52	55.67	69.70	85.75	103.63	123.47	145.32
	4.0	76.29		4.0	46.75	59.75	74.95	92.04	111.20	132.50	155.94
	4.5	81.11		4.5	49.75	63.60	79.71	97.96	118.34	140.92	165.88
	5.0	85.75		5.0	52.55	67.20	84.17	103.39	124.93	148.73	175.10
	5.5	90.02		5.5	55.30	70.68	88.56	108.70	131.34	156.42	184.01
	6.0	94.42		6.0	57.80	73.97	92.59	113.70	137.32	163.50	192.43
	6.5	98.32		6.5	60.24	77.09	96.49	118.46	143.06	170.34	200.49
	7.0	102.11		7.0	62.71	80.20	100.40	123.29	148.86	177.30	208.54
	7.5	105.71		7.5	64.94	83.07	104.00	127.74	154.23	183.64	215.99
	8.0	109.19		8.0	67.14	85.87	107.48	132.01	159.35	189.75	223.19

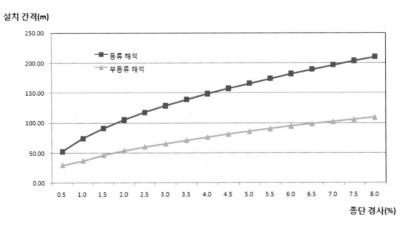

<그림 4.13> 본선 표준구간(10%)에 대한 도수로 설치 간격 산정 결과 비교

- 절토부 L형 측구 설치 간격

절토부 L형 측구에 대한 설계방법도 성토부 도수로 설치 간격의 계산과정과 동일하며, 본선 표준구간, 곡선부 내측 및 외측 구간에 대하여 각각 절개부 폭원 10m, 15m, 20m, 25m, 30m의 경우에 대하여 설치 간격을 산정한 결과는 다음 <표 4.39>와 <그림 4.14>와 같다.

<표 4.39> 본선 표준구간(10%) 및 내측 구간에 대한 L형 측구 집수정 설치 간격 산정 결과

본선 표준 (평지 10%)		횡단경사(%)	본선 곡선 내측 구간		횡단경사(%)						
		2			2	3	4	5	6	7	8
종단 경사 (%)	0.5	14.41	종단 경사 (%)	0.5	12.27	15.20	18.57	22.33	26.48	30.99	35.95
	1.0	16.82		1.0	14.27	18.35	21.99	26.98	32.57	38.70	45.41
	1.5	20.56		1.5	17.86	22.72	28.34	34.67	41.69	49.41	57.83
	2.0	24.08		2.0	21.00	26.68	33.21	40.56	48.68	57.62	67.38
	2.5	27.20		2.5	23.75	30.12	37.48	45.72	54.84	64.88	75.87
	3.0	29.54		3.0	26.23	33.24	41.32	50.36	60.39	71.47	83.49
	3.5	32.23		3.5	28.28	35.80	44.47	54.20	65.00	76.87	89.78
	4.0	34.64		4.0	30.43	38.52	47.85	58.29	69.92	82.64	96.49
	4.5	36.90		4.5	32.41	41.05	50.97	62.07	74.46	87.98	102.72
	5.0	39.07		5.0	34.34	43.46	53.96	65.73	78.80	93.08	108.64
	5.5	41.05		5.5	36.11	45.69	56.70	69.09	82.76	97.78	114.13
	6.0	43.03		6.0	37.81	47.88	59.45	72.45	86.73	102.47	119.56
	6.5	44.86		6.5	39.43	49.93	61.95	75.50	90.39	106.81	124.63
	7.0	46.63		7.0	41.02	51.88	64.39	78.49	93.93	110.96	129.51
	7.5	48.43		7.5	42.48	53.77	66.77	81.30	97.35	114.99	134.21
	8.0	50.08		8.0	44.04	55.73	69.21	84.23	100.89	119.14	138.97

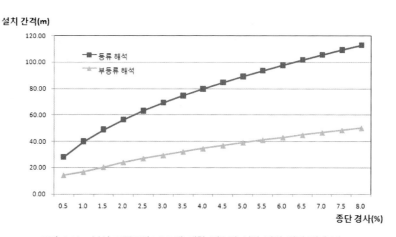

<그림 4.14> 본선 표준구간(10%)에 대한 집수정 설치 간격 산정 결과 비교

수정된 프로그램을 다음에 제시된 절토부 L형 측구 설치가 고려되는 대상구간에 대해서 프로그램을 적용하였다.

③ 적용성 검토 결과

가사~문곡 도로 건설공사 현장의 성토부 및 절토부의 도수로(혹은 집수거)와 L형 측구 집수정의 설치 간격을 기존방법으로 수행한 수리계산치·설계적용치를 본 연구를 통하여 개발한 프로그램을 적용한 개선방법으로 수행한 수리계산치·설계적용치를 다음 <표 4.40>과 같이 비교하였다. 먼저 수리계산치의 비교 결과 성토구간에서는 설치 간격이 평균 31.5% 감소되었으며, 절토구간에서는 설치 간격이 평균 54.9% 감소하는 결과가 도출되었다. 또한, 기존방법의 설계적용치와 개선방법의 수리계산치를 비교한 결과, 평균 22.2%의 적용 편차가 계산되었다.

<표 4.40> 노면배수시설 적용성 검토 결과

구분		적용경사(%)		기존방법(m)		개선방법(m)		결과
		종단	횡단	수리계산	설계적용	수리계산	설계적용	
성토구간	CASE 1	4.40	1.50	157.61	105	49.75	50	설치 간격 감소
	CASE 2	5.50	-3.00	225.28	50	70.68	70	설치 간격 감소
	CASE 3	4.14	0.50	148.60	140	46.75	50	설치 간격 감소
절토구간	CASE 1	7.23	4.50	140.44	120	78.49	80	설치 간격 감소
	CASE 2	1.41	-3.50	53.41	80	28.34	30	설치 간격 감소
	CASE 3	5.25	-2.54	81.86	50	45.69	50	설치 간격 감소

나. 횡단배수시설 단면 규격

가사~문곡 도로 건설공사 현장에 본 연구를 통해 개발한 프로그램을 적용한 결과, ① 횡단배수시설인 배수암거와 배수관은 현재 설치되어 있는 단면보다 약 35%의 단면의 증가가 필요하다고 계산되었다. 또한, ② 횡단배수시설물의 종류별로 분석하면, 횡단배수암거(BOX)는 약 96% 횡단배수관(PIPE)은 약 10% 단면 상승이 필요하다고 산정되었으며, ③ 현재 도로에 설치되어 있는 횡단배수시설물 중 횡단배수관의 단면이 횡단배수암거의 단면보다 현실적인 규격을 가지고 설계되었음을 판단할 수 있다(<표 4.41> 참고).

번호	측점	연장 (m)	유역면적 (km²)	수리계산서		Trial 01		비고
				합리식Q(m³/s)	단면규격	합리식Q(m³/s)	단면규격	
1	5+274.00	66.0	0.428	11.223	1@2.0 X 2.0	11.223	1@2.5 X 2.0	↑
2	5+320.00	33.0	0.051	1.337	1@1,200	1.337	1@1000	↓
3	5+800.00	30.5	0.083	2.176	1@1,000	2.176	1@1200	↑
4	5+970.50	30.0	0.080	2.098	1@1,000	2.098	1@1200	↑
5	6+072.00	36.0	0.540	14.160	1@2.0 X 2.0	14.160	1@2.5 X 2.5	↑
6	6+168.00	33.0	0.028	0.734	1@1,000	0.734	1@800	↓
7	6+280.00	28.0	0.018	0.472	1@1,000	0.472	1@800	↓
8	6+440.00	26.7	0.038	0.996	1@1,000	0.996	1@1000	-
9	6+540.00	26.7	0.032	0.839	1@1,000	0.839	1@800	↓
10	6+600.00	26.2	0.025	0.656	1@1,000	0.656	1@800	↓
11	6+767.60	29.7	0.195	5.113	1@1,200	5.113	3@1200	↑
12	6+880.00	26.7	0.079	2.072	1@1,000	2.072	1@1200	↑
13	7+093.00	36.5	0.189	4.956	1@1.5 X 1.5	4.956	1@2.0 X 1.5	↑
14	7+210.00	36.7	0.059	1.547	1@1,000	1.547	1@1200	↑
15	7+380.00	33.5	0.090	2.360	1@1,000	2.360	1@1200	↑
16	7+400.00	19.7	0.454	11.905	1@2.0 X 1.5	11.905	1@2.5 X 2.5	↑
17	7+556.00	28.5	0.014	0.367	1@1,000	0.367	1@600	↓
18	7+844.00	43.2	0.081	2.124	1@2.0 X 1.5	2.124	1@2.0 X 1.5	-
19	8+125.00	54.8	0.206	5.402	1@1.5 X 1.5	5.402	1@2.0 X 2.0	↑
20	8+400.00	57.5	0.576	15.104	1@2.0 X 2.0	15.104	1@2.5 X 2.5	↑
21	8+520.00	28.0	0.027	0.708	1@1,000	0.708	1@800	↓
22	8+740.00	36.5	0.159	4.169	1@1,000	4.169	2@1200	↑
23	8+820.00	29.7	0.015	0.450	1@1,000	0.450	1@800	↓
24	8+960.00	35.2	0.020	0.524	1@1,000	0.524	1@800	↓
25	9+460.00	15.0	1.139	29.867	1@2.0 X 2.0	29.867	1@3.5 X 3.5	↑
26	9+600.00	27.0	0.035	0.918	1@1,000	0.918	1@1000	-
27	10+980.00	23.5	0.007	0.184	1@1,000	0.184	1@500	↓

(6) 장흥~송추 현장

가. 노면배수시설 설치 간격

장흥~송추 도로 건설공사 현장에 설치되어 있는 노면배수시설(성토부 도수로 및 집수거, 절토부 L형 측구 집수정)의 설치 간격 현황을 조사, 분석한 결과 다음과 같은 결론을 도출하였다.

① 설계 시 설치 간격

성토부 구간에서 도수로 설치 간격은 최소 30m에서 최대 150m의 범위 내에 있어 평균적으로 약 80m 간격으로 설치된 것으로 조사되었으며, 절토부 구간에서 L형 측구 집수정 설치 간격은 평균 약 40m 간격으로 설치된 것으로 조사되었다.

② 개발 프로그램 적용 결과
- 성토부 도수로 설치 간격

다이크의 유형은 L형 측구이며, 성토부 도수로 설치구간은 본선 표준 및 곡선 내측 구간, 본선 곡선부 외측 구간, I.C 양방향 편측 및 곡선부 내측 구간, I.C 일방향 우측 구간, 분리구간 일방향 좌측, 분리구간 표준 및 곡선 내측 구간, 분리구간 곡선부 외측 구간이다.

<표 4.42> 본선 표준구간(10%)에 대한 도수로 설치 간격 산정 결과

본선 표준구간 (평지 10%)		횡단경사(%)		
		4	5	6
종단경사(%)	0.5	85.09	103.82	125.68
	1.0	113.19	144.41	175.63
	1.5	144.41	181.87	225.89
	2.0	163.14	213.09	263.04
	2.5	188.11	238.06	288.01
	3.0	206.84	263.04	325.48

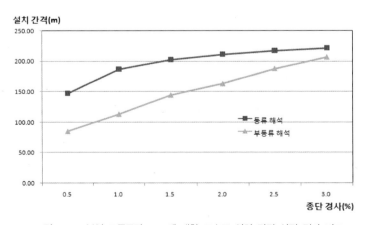

<그림 4.15> 본선 표준구간(10%)에 대한 도수로 설치 간격 산정 결과 비교

- 절토부 L형 측구 설치 간격

절토부 L형 측구에 대한 설계방법도 성토부 도수로 설치 간격의 계산과정과 동일하며, 본선 표준 및 곡선 내측 구간, 곡선부 외측 구간에 대하여 각각 절개부 폭원 15m, 25m, 35m, 45m의 경우에 대하여 설치 간격을 산정한 결과는 다음의 표 및 그림과 같다.

<표 4.43> 본선 표준구간(10%)에 대한 L형 측구 집수정 설치 간격 산정 결과

본선 표준구간 (평지부 10%)		횡단경사(%)		
		4	5	6
종단경사(%)	0.5	65.16	81.38	99.97
	0.7	72.16	94.31	114.21
	1.0	84.70	108.94	137.04
	1.5	106.11	136.11	170.80
	2.0	122.65	157.19	197.19
	2.5	137.28	175.92	220.50
	3.0	150.55	192.89	241.67

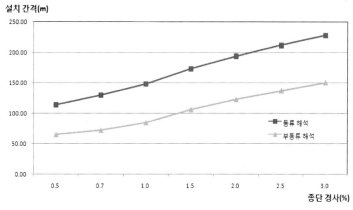

<그림 4.16> 본선 표준구간(10%)에 대한 집수정 설치 간격 산정 결과 비교

수정된 프로그램을 다음에 제시된 절토부 L형 측구 설치가 고려되는 대상구간에 대해서 프로그램을 적용하였다.

③ 적용성 검토 결과

장흥~송추 도로 건설공사 현장의 성토부 및 절토부의 도수로(혹은 집수거)와 L형 측구 집수정의 설치 간격을 기존방법으로 수행한 수리계산치·설계적용치를 본 연구를 통하여 개발한 프로그램을 적용한 개선방법으로 수행한 수리계산치·설계적용치를 <표 4.44>와 같이 비교하였다. 먼저 수리계산치의 비교 결과 성토구간에서는 설치 간격이 평균 12% 감소되었으며, 절토구간에서는 설치 간격이 평균 53% 감소하는 결과가 도출되었다. 또한, 기존방법의 설계적용치와 개선방법의 수리계산치를 비교한 결과, 평균 33%의 적용 편차가 계산되었다.

<표 4.44> 노면배수시설 적용성 검토 결과

구분		적용경사(%)		기존방법(m)		개선방법(m)		결과
		종단	횡단	수리계산	설계적용	수리계산	설계적용	
성토구간	CASE 1	2.48	-2.0	217.4	40	188.1	100	설치 간격 감소
	CASE 2	2.39	-2.0	217.4	80	188.1	100	설치 간격 감소
	CASE 3	5.46	2.0	221.5	150	206.8	100	설치 간격 감소
절토구간	CASE 1	0.58	-3.0	114.1	20	65.2	70	설치 간격 감소
	CASE 2	0.98	-2.0	148.7	50	84.7	90	설치 간격 감소

나. 횡단배수시설 단면 규격

장흥~송추 도로 건설공사 현장에 본 연구를 통해 개발한 프로그램을 적용한 결과, ① 횡단배수시설인 배수암거와 배수관은 현재 설치되어 있는 단면보다 약 56%의 단면의 증가가 필요하다고 계산되었다. 또한, ② 횡단배수시설물의 종류별로 분석하면, 횡단배수암거(BOX)는 약 140% 횡단배수관(PIPE)은 약 6% 단면 상승이 필요하다고 산정되었는데, 상기와 같은 프로그램의 현장 적용성 검토 결과 ③ 현재 도로에 설치되어 있는 횡단배수시설물 중 횡단배수관의 단면이 횡단배수암거의 단면보다 현실적인 규격을 가지고 설계되었음을 판단할 수 있다(<표 4.45> 참고).

<표 4.45> 횡단배수시설 적용성 검토 결과

번호	측점	연장 (m)	유역면적 (km²)	수리계산서		Trial 01		비고
				합리식Q(m³/s)	단면규격	합리식Q(m³/s)	단면규격	
1	0+230.00	41.40	0.027	1.12	1@1,000	1.12	1@1000	-
2	1+220.00	23.87	0.036	1.47	1@1,000	1.47	1@1000	-
3	1+335.50	54.00	0.053	1.91	1@1,000	1.91	1@1200	↑
4	1+872.60	45.40	0.028	1.14	1@1,000	1.14	1@1000	-
5	2+000.00	31.60	0.029	1.04	1@1,000	1.04	1@1000	-
6	6+567.00	105.20	0.051	1.86	1@1,000	1.86	1@1200	↑
7	7+380.00	47.80	0.058	2.10	1@1,200	2.10	1@1200	-
8	7+528.00	40.00	0.057	2.07	1@1.2 X 1.0	2.07	1@2.0 X 1.5	↑
9	7+774.30	30.30	0.118	4.28	1@1.2 X 1.0	4.28	1@2.0 X 2.0	↑
10	7+861.00	30.30	0.034	1.21	1@1.2 X 1.0	1.21	1@2.0 X 1.5	↑
11	8+010.00	30.30	0.310	11.20	1@3.0 X 1.75	11.20	1@3.0 X 2.5	↑

3. 검토 결과

1) 노면배수시설 설치 간격

국내 도로 건설 현장의 배수시설 설치 간격에 대한 본 연구를 통해 개발한 방법의 적용성 검토 결과는 <표 4.46>과 같고, 검토 대상 현장의 성토부와 절토부에 대하여 기존 방법과 개선 방법의 비교 결과, 성토부에서는 도수로 및 집수거의 설치 간격이 최소 6%~최대 58%가량 기존 방법보다 짧아졌으며, 절토부에서는 L형 측구 집수정의 설치 간격이 최소 15~65%가량 기존 방법보다 짧아지는 결과가 나타났다. 이것은 개선된 수리 계산 방법의 적용 결과 성토부의 설치 간격이 절토부보다 현실적으로 더 근접해 있음을 보여주는 결과이다.

<표 4.46> 적용성 검토 결과(수리계산 결과 비교)

현장별 \ 구분	성토부	절토부
신북~용산	계산상 설치 간격 50% 짧아짐	계산상 설치 간격 37% 짧아짐
성남~장호원	계산상 설치 간격 12% 넓어짐	계산상 설치 간격 15% 짧아짐
철원~서면	계산상 설치 간격 18% 짧아짐	계산상 설치 간격 27% 짧아짐
가사~문곡	계산상 설치 간격 50% 짧아짐	계산상 설치 간격 56% 짧아짐
방산~하중	계산상 설치 간격 6% 짧아짐	계산상 설치 간격 65% 짧아짐
장흥~송추	계산상 설치 간격 48% 짧아짐	계산상 설치 간격 40% 짧아짐

2) 횡단배수시설 단면규격

국내 중부지역의 도로 건설 현장의 배수시설 설치 간격에 대한 본 연구를 통해 개발한 방법의 적용성 검토 결과는 다음과 같다.

<표 4.47> 적용성 검토 결과(횡단배수시설 단면 규격)

현장별 \ 구분	횡단 배수관	횡단 배수암거
신북~용산	계산상 73% 단면 상승 필요	계산상 50% 단면 상승 필요
성남~장호원	계산상 64% 단면 상승 필요	계산상 50% 단면 상승 필요
철원~서면	계산상 5% 단면 축소 필요	계산상 30% 단면 축소 필요
가사~문곡	계산상 10% 단면 상승 필요	계산상 96% 단면 상승 필요
신동~가사	계산상 14% 단면 상승 필요	계산상 33% 단면 상승 필요
장흥~송추	계산상 6% 단면 상승 필요	계산상 140% 단면 상승 필요

상기와 같이 검토 대상 현장에 설치된 횡단배수시설에 대하여 기존 단면규격 산정 방법과 개선된 단면규격 산정 방법의 비교 결과, 횡단배수관에서는 단면규격이 최소 6%~최대 73%가량 증가되었으며, 횡단배수암거에서는 단면규격이 최소 33~140%가량 증가시켜야 하는 결과가 나타났다. 이것은 개선된 수리 계산 방법의 적용 결과 횡단배수관의 단면규격이 횡단배수암거의 단면규격보다 현실적으로 더 근접해 있음을 보여주는 결과이다.

제5장

기술 개발 결과

1. 도로배수시설 설계 개선 방향
2. 분 단위 강우강도식
3. 표면 박류 강우-유출 모형
4. 노면배수시설 설계 모형
5. 횡단배수시설 설계 모형
6. 도로배수시설 설계 프로그램 적용성 검토

1. 도로배수시설 설계 개선 방향

본 연구의 결과로 우선, 국내 도로배수시설 설계 현황 검토, 외국의 도로배수시설 설계 지침 검토, 유관 규정 및 지침서 검토, 기존 설계 현황의 문제점 및 개선방향 설정, 강우－유출 모형의 개선방향 설정 등을 통한 도로배수시설 설계 개선방향을 설정하였다.

도로 배수시설 설계 현안	개선 필요 기술
- 도로 배수유역에 적합한 강우-유출 모형 부재 - 도로 배수흐름 특성을 반영한 수리학적 해석 과정 부재	강우-유출 모형
- 현재 방법은 10분 이하 강우지속시간 고려 불가능 - 도로 노면의 강우는 강우지속시간이 극히 짧음	강우강도식
- 노면 흐름을 이상적인 등류 이론에 근거하여 해석 - 실제 흐름 양상 미반영으로 합리적인 강우지속시간, 도달시간 고려 불가	노면 배수시설 설계

<그림 5.1> 현행 도로배수설계 문제점

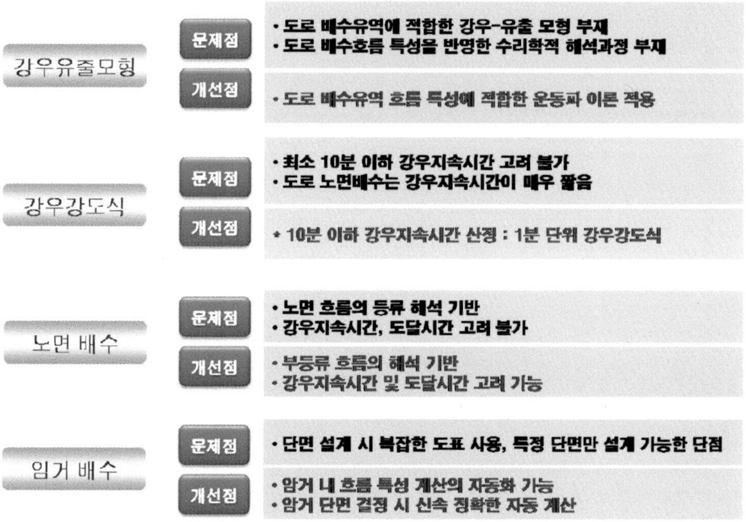

강우유출모형
- 문제점: • 도로 배수유역에 적합한 강우-유출 모형 부재
  • 도로 배수흐름 특성을 반영한 수리학적 해석과정 부재
- 개선점: • 도로 배수유역 흐름 특성에 적합한 운동파 이론 적용

강우강도식
- 문제점: • 최소 10분 이하 강우지속시간 고려 불가
  • 도로 노면배수는 강우지속시간이 매우 짧음
- 개선점: • 10분 이하 강우지속시간 산정 : 1분 단위 강우강도식

노면 배수
- 문제점: • 노면 흐름의 등류 해석 기반
  • 강우지속시간, 도달시간 고려 불가
- 개선점: • 부등류 흐름의 해석 기반
  • 강우지속시간 및 도달시간 고려 가능

암거 배수
- 문제점: • 단면 설계 시 복잡한 도표 사용, 특정 단면만 설계 가능한 단점
- 개선점: • 암거 내 흐름 특성 계산의 자동화 가능
  • 암거 단면 결정 시 신속 정확한 자동 계산

<그림 5.2> 도로배수설계 개선 방향

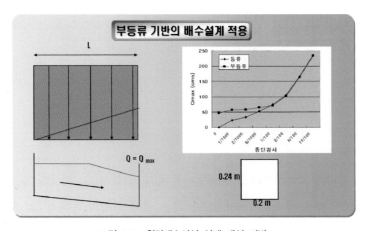

<그림 5.3> 횡단배수시설 설계 개선 기법

2. 분 단위 강우강도식

분 단위 강우강도식 개발을 위해 시 단위 강우자료를 분 단위 강우자료로 분해하는 기법을 검토하고, 서울 지점에 대한 강우강도−지속시간−재현기간(I-D-F) 곡선 및 분 단위 강우강도식을 개발하였다.

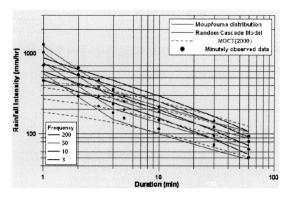

(a) 서울 지점의 분 단위 I-D-F 곡선

재현기간(년)	3	10	50	200
강우강도식	$I=\dfrac{228.12}{\sqrt{t}-0.60}$	$I=\dfrac{310.77}{\sqrt{t}-0.60}$	$I=\dfrac{415.78}{\sqrt{t}-0.59}$	$I=\dfrac{500.17}{\sqrt{t}-0.59}$

(b) 서울 지점의 분 단위 강우강도식

<그림 5.4> 서울 지점의 분 단위 I-D-F 곡선 및 강우강도식

중부지역 소재의 분 단위 및 시 단위 강우자료를 수집하고, 분 단위 자료의 공간상관구조를 분석하여 분 단위 자료를 직접 빈도 해석하여 강우강도식을 유도할 수 있는지를 파악하였다. 가용한 분 단위 강우자료가 없는 지점에 대하여 제안된 Random Cascade 모형을 시 단위 강우자료에 적용하여 I-D-F 관계곡선 및 분 단위 강우강도식을 유도하였다.

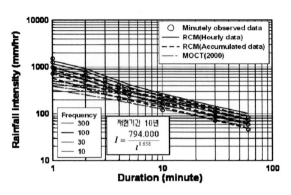

<그림 5.5> 중부지역 주요 지점의 분 단위 I-D-F 곡선

　　전국에 대한 분 단위 강우강도식 개발을 완료하였으며, 전국 소재 강우관측소의 분 단
위 및 시 단위 강우자료를 수집하여 분석하고, 분 단위 강우자료의 질을 검토하여 필요
하다면 자료를 보정하고 이상치를 제거하였다. 분 단위 강우자료가 없거나 가용하지 않
은 경우 Random Cascade 모형을 적용하여 시 단위 강우자료를 분해하여 1분 단위 강우
자료를 생산하였고, 가공된 분 단위 강우자료를 직접 빈도 해석하여 분 단위 I-D-F 관계
및 분 단위 강우강도식을 유도하였다.

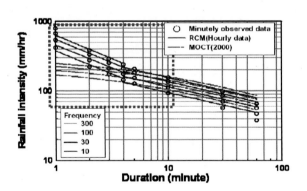

<그림 5.6> 남부지역 주요 지점의 분 단위 I-D-F 곡선

3. 표면 박류 강우-유출 모형

강우-유출 모델링으로서 운동파 모형을 이용하여 지표면요소의 흐름 모형, 하나의 지표면요소와 주수로요소의 흐름 모형, 그리고 두 지표면요소와 주수로요소의 흐름 모형을 각각 수립하였다.

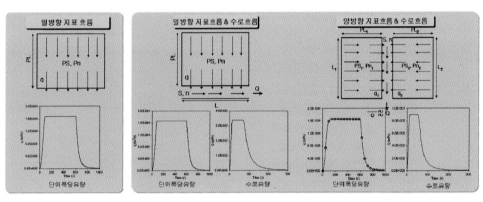

<그림 5.7> 운동파 이론을 이용한 강우-유출 모형 수립

표면 박류 유출 해석 모형이 도로배수유역과 같이 도달시간이 짧은 유역의 유출을 더 정확하게 모의할 수 있도록 모형을 수정하였다. 수정된 모형을 HEC-1 모형과 비교하고, Volume conservation을 확인하여 검증하였다. 그 후 임계지속시간의 개념을 반영하여 설계홍수량을 결정할 수 있도록 표면 박류 유출 모형을 수정하였다.

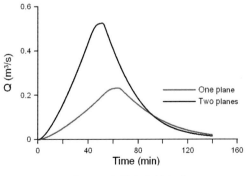

<그림 5.8> 설계홍수량 산정 비교

4. 노면배수시설 설계 모형

　배수시설의 수로 흐름에 있어서는 등류 해석을 기반으로 한 경우와 부등류 해석을 기반으로 한 경우를 고려하여 두 가지 모형을 수립하였으며, 노면배수시설 설계를 위한 전산 모형에서는 강우지속시간이 도달시간과 같아지는 임계지속시간을 고려하여 설계 강우를 결정하게 된다. 수립된 모형을 임의로 설정된 노면배수시설 체계에 적용하고 등류 및 부등류 해석에 따른 설계 결과를 비교하였으며, 수로의 종단경사에 따른 설계 결과를 비교·검토하였다.

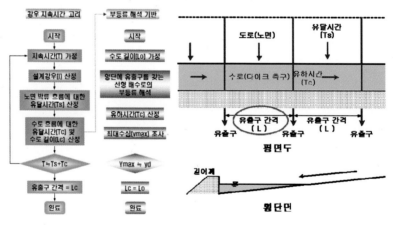

<그림 5.9> 노면배수시설 설계 모형 수립

　4가지 설계방법에 따른 노면배수시설의 설계 프로그램을 도로배수 설계 실무자들의 의견을 수렴 및 반영하여 각 프로그램을 수정 및 보완하고, 실시설계의 결과와 비교·검토하였다.

구 분	현 행	개 발		
프로그램 명칭	UF	VC	UC	VF
임계 지속 시간	고려하지 않음	고려함	고려함	고려하지 않음
흐름 해석 방법	등류 해석	부등류 해석	등류해석	부등류 해석

<그림 5.10> 노면배수설계 모형의 수정 및 보완

5. 횡단배수시설 설계 모형

수로 및 암거 설계를 위한 전산 프로그램을 수립하기 위한 설계 절차를 설정하였으며, 설계 모형에 포함될 부등류 해석을 기반으로 한 수로 흐름 해석을 위한 알고리즘을 우선적으로 수립하였다.

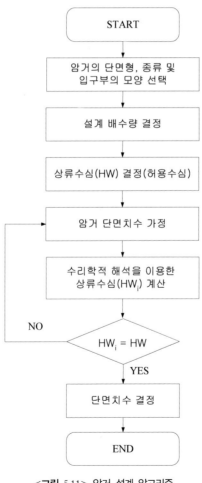

<그림 5.11> 암거 설계 알고리즘

수리학적으로 짧은 길이를 갖는 암거의 흐름을 더 정확하게 모의하기 위하여 암거의 개수로 흐름을 부등류로 해석하는 프로그램을 개발하고, Culvert Master와 비교하여 프로그램을 검증하였다. 국내 실무에서 사용되는 수로암거 및 횡단배수관의 표준도를 대상으로 암거의 단면규격을 산정할 수 있는 프로그램을 개발하였다.

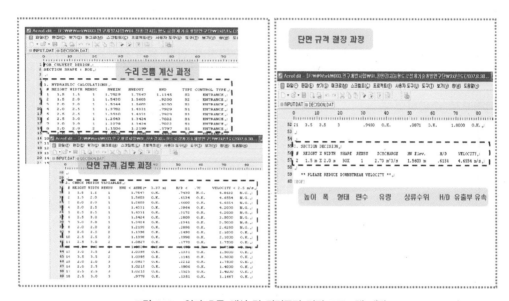

<그림 5.12> 암거 흐름 해석 및 단면규격 결정 프로그램 개발

6. 도로배수시설 설계 프로그램 적용성 검토

국내의 국도 6개 도로 건설공사 현장을 대상으로 하여 개발 완료된 프로그램들의 설계 실무 적용성 검토를 수행하였다.

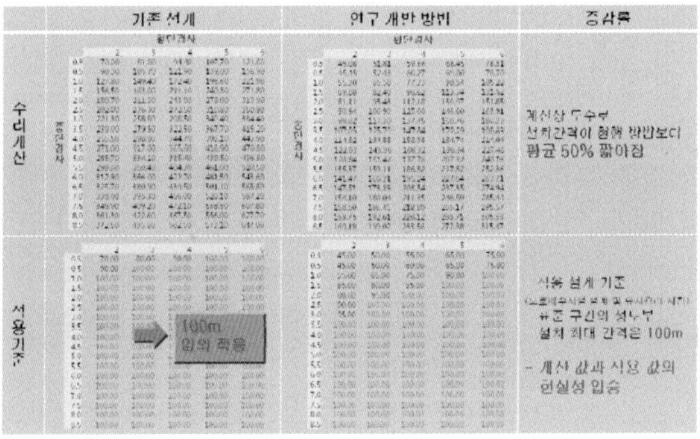

(a) 노면배수시설 설계 결과 비교

· 신북-용산

번호	측점	유역면적 (㎢)	기존 방법		개선 방법		결과	비 고
			설계홍수량 (㎥/sec)	단면 규격 (m, mm)	설계홍수량 (㎥/sec)	단면 규격 (m,mm)		
1	0+340.0	0.02	0.63	1@800	1.63	1@1200	증가	배수관
2	1+480.0	0.01	0.31	1@600	0.58	1@800	증가	배수관
3	1+599.0	0.03	0.94	1@1000	2.62	2@1000	증가	배수관
4	2+320.0	0.036	1.13	1@1000	2.99	2@1200	증가	배수관
5	2+650.0	0.1	3.14	2@1200	5.95	3@1200	증가	배수관
24	0+120.0	0.02	0.63	1@800	1.39	1@1200	증가	배수관
25	0+044.0	0.02	0.63	1@800	1.94	1@1200	증가	배수관
26	2+182.0	0.78	24.49	1@4.0×4.0	38.58	1@4.5×4.5	증가	암거
27	2+700.0	0.48	15.07	1@3.0×3.0	25.61	1@4.0×4.0	증가	암거
28	3+080.0	0.32	10.05	1@2.5×2.5	18.30	1@3.5×3.5	증가	암거
29	4+540.0	0.28	8.79	1@2.5×2.5	16.52	1@3.0×3.0	증가	암거
30	4+740.0	0.21	6.60	1@2.5×2.0	12.65	1@3.0×2.5	증가	암거
31	0+053.0	0.66	20.73	1@3.5×3.5	31.69	1@4.0×4.0	증가	암거
32	0+135.0	1.36	36.72	1@4.5×4.5	47.80	1@5.0×5.0	증가	암거

(b) 횡단배수시설 설계 결과 비교

<그림 5.13> 도로배수설계 프로그램의 적용성 검토

참고문헌

1. Chaudhry, M. H.(1993). Open-channel flow. Prentice Hall.
2. Chow, V. T.(1959). Open-channel hydraulics. McGraw-Hill.
3. Escarameia, M., Gasowski, Y., May, R. W. P., and Lo Cascio, A.(2001). Hydraulic capacity of drainage channels with lateral inflow. Report SR 581, HR Wallingford, UK.
4. Naqvi, M.(2003). Design of linear drainage systems. Thomas Telford.
5. 건설교통부(2000). 「한국 확률강우량도 작성」. 『1999년도 수자원관리기법개발연구조사 보고서』 제1권.
6. 건설교통부(2003). 『도로배수시설 설계 및 유지관리 지침』.
7. 건설교통부(2001). 『도로설계편람 – 배수편』.
8. 건설교통부(2006). 『국도건설공사 설계실무요령』.
9. 한국도로공사(2002). 『도로설계요령 – 토공 및 배수』.
10. 류택희(2002). 「우수받이 차집능력에 관한 실험적 연구」. 석사학위논문, 경기대학교.
11. 이상국(2002). 「노면배수 집수정의 유입효율 분석」. 석사학위논문, 연세대학교.
12. 이종태, 김영란, 김갑수, 윤세의, 박영민(2003). 「도로 노면의 형상과 강우의 임계 지속시간을 고려한 적정 우수 유출량 산정 및 영향분석」. 『상하수도학회지』 제17권 제2호. pp.291~298.
13. 임동환(2003). 「빗물받이 차집능력 분석을 위한 수리모형실험」. 석사학위논문, 경기대학교.
14. 소프트택데이타시스템(2005). 로드택.
15. 한길아이티(2004). 에이컬버트.
16. AASHTO(1999). Highway drainage guidelines. American Association of State Highway and Transportation Officials. Washington, D.C., USA.
17. AASHTO(2005). 2005 Model drainage manual: SI Edition. American Association of State Highway and Transportation Officials. Washington, D.C., USA.
18. McCuen, R. H., Johnson, P. A., and Ragan, R. M.(2001). Highway hydrology. FHWA-NHI-02-001, HDS No.2, Federal Highway Administration, USA.
19. Wong, T. S. W.(1994). Kinematic wave method for determination of road drainage inlet spacing. Advances in Water Resources, Vol. 17, pp.329~336.
20. Wong, T. S. W. and Moh W. H.(1997). Effect of maximum flood width on road drainage inlet spacing. Water Science and Technology, Vol. 36, No. 8-9, pp.241~246.
21. Brune W., Graf W. H., Appel E., and Yee P. P.(1975). Performance of Pennsylvania highway drainage inlets. Journal of the Hydraulics Division, ASCE, Vol. 101, No. 12, pp.1519~1536.
22. Burgi, P. H. and Gober, D. E.(1977). Bicycle-safe grate inlets study; Volume 1. Hydraulic and safety characteristics of three selected grate inlets on continuous grades. FHWA-RD-77-24, Federal Highway Administration, U. S. Department of Transportation, Washington, D.C., USA.
23. Pugh, C. A.(1980). Bicycle-safe grate inlets study; Volume 4. Hydraulic characteristics of slotted drain inlets. FHWA-RD-79-106, Federal Highway Administration, U. S. Department of Transportation, Washington, D.C., USA.

24. Brown, S. A., Stein, S. M., and Warner, J. C.(1996). Urban drainage design manual. Hydraulic Engineering Circular No. 22, FHWA-SA-96-078, Federal Highway Administration, U. S. Department of Transportation, Washington, D.C., USA.

25. Mays, L. W.(2001). Stormwater collection systems design handbook. McGraw-Hill.

26. Brown, S. A., Stein, S. M., and Warner, J. C.(2001). Urban drainage design manual. FHWA-NHI-02-021, HEC-22, Federal Highway Administration, USA.

27. Overton, D. E. and Meadows, M. E.(1976). Stormwater modeling. Academic Press, New York.

28. FHA(1992). HYDRAIN; Integrated Drainage Design Computer System-Participant Workbook, USA.

29. Bentley Systems, Inc.(2007). CulvertMaster User's Guide.

30. Schall, J. D., Richardson, E. V., and Morris, J. L.(2001). Introdiction to highway hydraulics. FHWA-NHI-01-019, HDS No. 4, Federal Highway Administration, USA.

31. Deidda, R., Benzi, R., and Siccardi, F.(1999). Multifractal modeling of anomalous scaling laws in rainfall. Water Resources Research, Vol. 35, No. 6, pp.1853~1867.

32. Onof, C. and Townend, J.(2004). Modeling 5-min rainfall extremes, In: Hydrology: science and practice for the 21st century. British Hydrological Society, pp.377~388.

33. Sivakumar, B. and Sharma, A.(2007). A cascade approach to continuous rainfall data generation at point locations. Stochastic Environmental Research and Risk Assessment, DOI 10.1007/s00477-007-0145-y.

34. Frisch, U. and Parisi, G.(1985). On the singularity structure of fully developed turbulence. In: Turbulence and predictability in geophysical fluid dynamics and climate dynamics, North-Holland, New York, pp.84~88.

35. Over, T. M. and Gupta, V. K.(1994). Statistical analysis of mesoscale rainfall: dependence of a random cascade generator on large-scale forcing. Journal of Applied Meteorology, Vol. 33, pp.1526~1542.

36. Svensson, C., Olsson, J., and Berndtsson, R.(1996). Multifractal properties of daily rainfall in two different climates. Water Resources Research, Vol. 32, No. 8, pp.2463~2472.

37. Mouhous, E., Katz, J., and Andrieu, H.(2001). Influence of the highest values on the choice of log-poisson random cascade model parameters. Physical and Chemistry of the earth(B), Vol. 26, No. 9, pp.701~704.

38. HEC(1990). HEC-1-Flood Hydrograph Package-User's Manual, Hydrologic Engineering Center, U. S. Army Corps of Engineers, Davis, CA.

39. Alley, W. M. and Smith, P. E.(1987). Distributed Routing Rainfall-Runoff Model. Open File Report 82-344, U. S. Geological Survey, Reston, Virginia.

40. Normann, J. M., Houghtalen, R. J., and Johnston, W. J.(1985). Hydraulic Design of Highway Culverts. HDS No. 5, Federal Highway Administration(FHWA), USA.

41. 유철상, 하은호, 김경준(2006). 「강우의 공간상관구조에 대한 무강우 자료의 영향」. 『한국수자원학회논문집』, 한국수자원학회, 제39권 제2호. pp.127~138.

42. Yoo, C. and Ha, E.(2007). Effect of zero measurements on the spatial correlation structure of rainfall. Stochastic Environmental Research and Risk Assessment, Vol. 21, pp.289~297.

43. 김경준, 유철상(2007). 「강우공간상관구조의 변동 특성」. 『한국수자원학회 논문집』 제40권 제8호. pp.943~956.

44. 유철상, 김인배, 류소라(2003). 「우량계의 밀도 및 공간분포 검토: 남한강 유역을 중심으로」. 『한국수자원학회논문집』 36(2). pp.173~181, 2003.

45. 유철상, 박창열, 김경준, 전경수(2007). 「모포마 분포를 적용한 분 단위 강우강도－지속시간－재현기간 관계의 유도」. 『한국수자원학회 논문집』 제40권 제8호. pp.643~654.

46. Neter, J., Kutner, M. H., Nachtsheim, C. J., and Wasserman, W.(1996). Applied Linear Statistical Models. 4th. ed., IRWIN, pp.361~383.

47. 송병현, 김미자, 서애숙(2001). 「남한 지역에서 1분 강우 관측 자료 연구」. 『한국기상학회지』 제37권 제1호. pp.39~52.

48. 건설교통부(2005). 『격포~하서 도로 확장공사 실시설계 수리계산서』.

49. Rhodes, D. G.(1998). Gradually varied flow solutions in Newton-Raphson form. Journal of Irrigation and Drainage Engineering, Vol. 124, No. 4, pp.233~235.

50. 건설교통부(2003). 『도로암거표준도』.

이만석

단국대학교 공학대학 토목공학과 졸업
단국대학교 대학원 공학석사(수공학)
단국대학교 대학원 공학박사 수료(수공학)
대한토목학회 정회원
한국수자원학회 종신회원
한국도로학회 정회원

(주)삼안 수자원부 근무
(주)평화엔지니어링 기술연구원 근무
충남대학교 국제수자원연구소 근무
현) 하천연구센터 대표이사
    경복대학교 건설환경디자인과 겸임교수

새로운 도로 배수 설계방법

초판인쇄 2014년 2월 28일
초판발행 2014년 2월 28일

지은이 이만석
펴낸이 채종준
펴낸곳 한국학술정보㈜
주소 경기도 파주시 회동길 230(문발동)
전화 031) 908-3181(대표)
팩스 031) 908-3189
홈페이지 http://ebook.kstudy.com
전자우편 출판사업부 publish@kstudy.com
등록 제일산-115호(2000. 6. 19)

ISBN 978-89-268-6089-2 93540